面倒なことは全部 Copilot（コパイロット）に任せよう！

本書は、Copilotをはじめて学ぶ方を対象に、わかりやすく丁寧な解説を行い、初心者の方が疑問に思うポイントもしっかりフォローしています。ここでは、Copilotでできることを大きく4つに分けてご紹介します。

▶情報収集として、日常使いができる！

Copilotは、チャット（会話）のように質問や回答を繰り返すことができるチャット形式のAI。LINEのような会話のキャッチボールが可能！

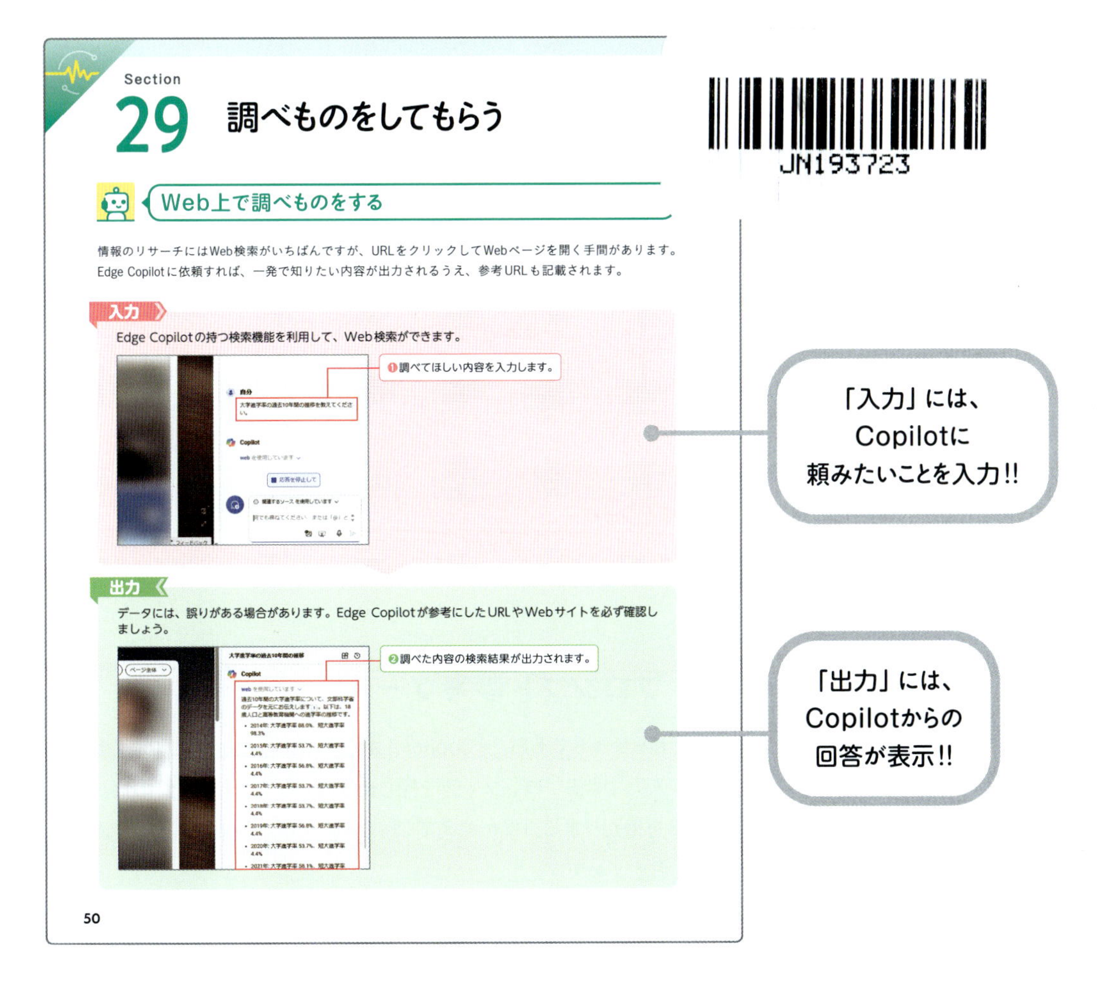
Section 29 調べものをしてもらう

Web上で調べものをする

情報のリサーチにはWeb検索がいちばんですが、URLをクリックしてWebページを開く手間があります。Edge Copilotに依頼すれば、一発で知りたい内容が出力されるうえ、参考URLも記載されます。

入力

Edge Copilotの持つ検索機能を利用して、Web検索ができます。

❶調べてほしい内容を入力します。

出力

データには、誤りがある場合があります。Edge Copilotが参考にしたURLやWebサイトを必ず確認しましょう。

❷調べた内容の検索結果が出力されます。

50

JN193723
「入力」には、Copilotに頼みたいことを入力!!
「出力」には、Copilotからの回答が表示!!

希望通りの文章や画像を作れる！

商品のイメージに適したロゴ作り、創作文や短歌の作成など、どのようなものを作成したいか、要望を伝えるだけ！

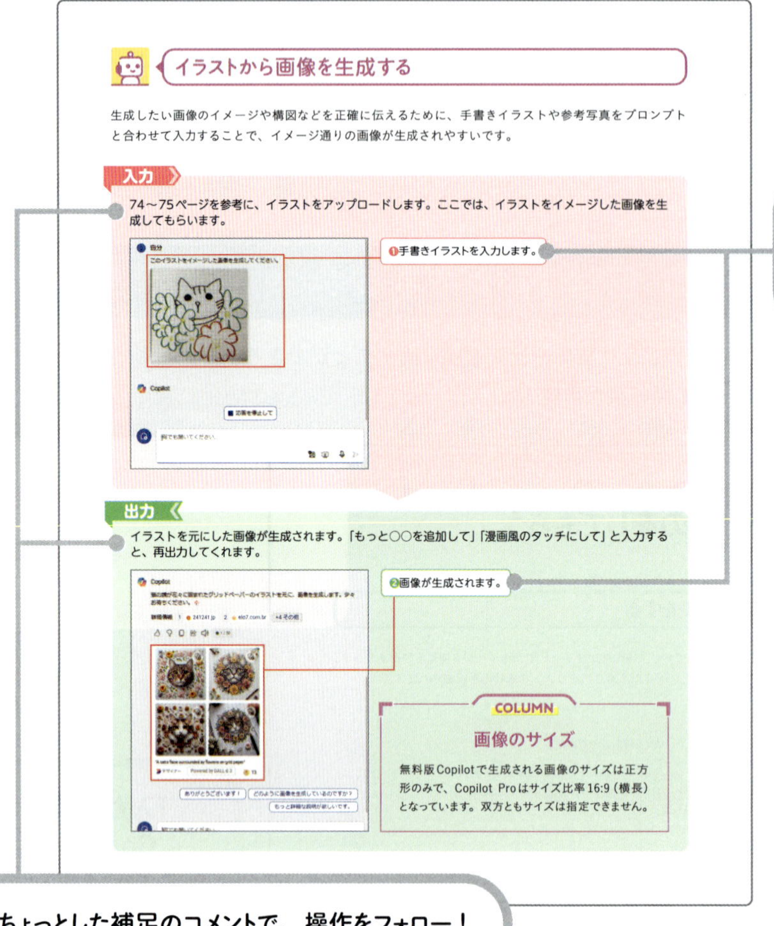

イラストから画像を生成する
生成したい画像のイメージや構図などを正確に伝えるために、手書きイラストや参考写真をプロンプトと合わせて入力することで、イメージ通りの画像が生成されやすいです。
入力
74～75ページを参考に、イラストをアップロードします。ここでは、イラストをイメージした画像を生成してもらいます。
❶手書きイラストを入力します。
出力
イラストを元にした画像が生成されます。「もっと○○を追加して」「漫画風のタッチにして」と入力すると、再出力してくれます。
❷画像が生成されます。
COLUMN
画像のサイズ
無料版Copilotで生成される画像のサイズは正方形のみで、Copilot Proはサイズ比率16:9（横長）となっています。双方ともサイズは指定できません。

手順番号通りに操作すればよいだけ!

ちょっとした補足のコメントで、操作をフォロー！

プロンプト参考ツール

Copilot用の情報・プロンプトを探せるサイトである、「Copilot Lab」(https://copilot.cloud.microsoft/ja-JP/prompts) にアクセスして、入力できるプロンプト例を探し出すこともできます。質の高いプロンプトを作成したり、よりよい回答結果を得たりするコツを教えてくれます。また、Copilotに常時表示されているプロンプト例を参考にするのもおすすめです。

ビジネスで活用できる！

プログラミングコードの作成、文章校正、業務マニュアルの大枠作りなどのサポートが充実！

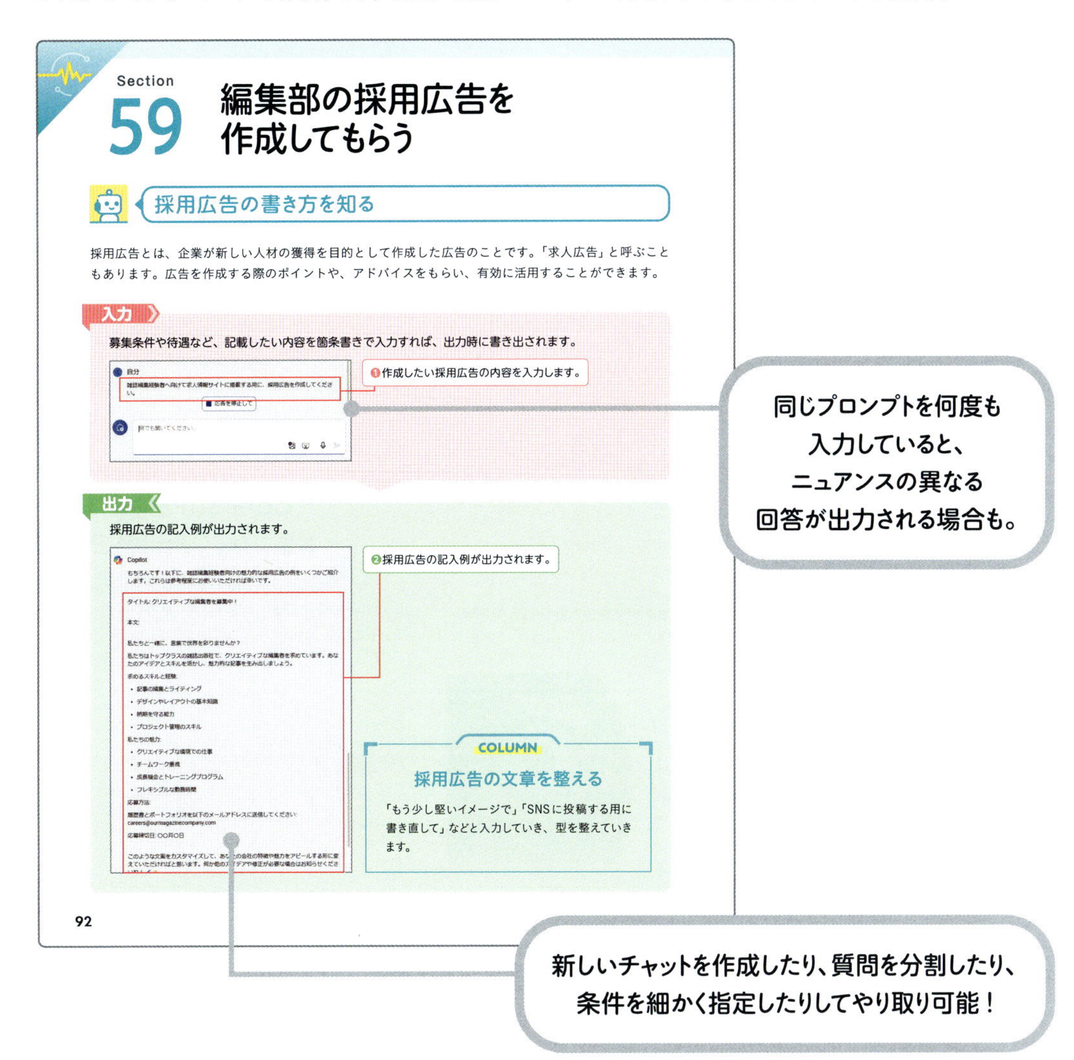

Section
59
編集部の採用広告を
作成してもらう
採用広告の書き方を知る
採用広告とは、企業が新しい人材の獲得を目的として作成した広告のことです。「求人広告」と呼ぶこともあります。広告を作成する際のポイントや、アドバイスをもらい、有効に活用することができます。
入力
募集条件や待遇など、記載したい内容を箇条書きで入力すれば、出力時に書き出されます。
❶作成したい採用広告の内容を入力します。
出力
採用広告の記入例が出力されます。
❷採用広告の記入例が出力されます。
COLUMN
採用広告の文章を整える
「もう少し堅いイメージで」「SNSに投稿する用に書き直して」などと入力していき、型を整えていきます。
92
同じプロンプトを何度も
入力していると、
ニュアンスの異なる
回答が出力される場合も。
新しいチャットを作成したり、質問を分割したり、
条件を細かく指定したりしてやり取り可能！

補足となる情報も充実

知っておくと便利なテクニックや、さらに深掘りした知識など、参考となる情報も充実しています。

COLUMN

さらに意見を引き出す

「課題のリスクを軽減するために、どのような方法がよいと思う?」「私はこう思うのだけれど、どう思う?」などと続けて入力し、ディスカッションを継続します。

▶ WordやExcel、PowerPointでも使える！

スプレッドシートにデータの追加、メール送信画面に直接下書きの作成など、自分で書き込むことなく、指示するだけ！

Section 82

PowerPointで新しいスライドを追加してもらう

内容を指定して新しいスライドを追加する

PowerPointのスライドは、「5枚目に追加して」「○○に関する説明をして」などと入力してCopilotに作成してもらうことができます。スライドは再出力してもらったり改めて構成を考えてもらったりして、イメージとすり合わせられます。

入力

追加したいスライドの数や入力事項などを指定します。

❶追加したいスライドの内容を入力します。

出力

追加されたスライドのデザインは、既存のデザインに合うように作成されます。

❷新しいスライドが追加されます。

Trello
• プロジェクト管理ツール
• カードとボードを使用してプロジェクトを管理
• タスクの管理や進捗管理、プロジェクトの共有が簡単に行える
PROJECT
management
Office連携

有料ライセンスを購入すると、Microsoft 365のアプリにCopilotが組み込まれます。本書では、Copilot Proを紹介！

個人ユーザーで、画像生成を頻繁に行う、WordでAIを使用したいなど、明確な目的がない場合は、無料版のCopilotで不自由なく機能を利用可能。有料版にするには、別途契約をしましょう！

すぐにコピペして使えるプロンプト一覧の特典をダウンロード可能

本書で紹介しているプロンプト（質問）の一覧をダウンロードできるようにしています（詳細は11ページを参照）。

はじめに

Copilotは、Microsoft社が2023年12月から提供を開始した対話型の生成AIモデルです。WordやExcelなどのMicrosoftのアプリで使用できることや、Windowsに標準搭載されている最新のAIアシスタントということで、さまざまな界隈で話題になり、今までに多数の書籍が発表されています。

富士通ラーニングメディアは、そのCopilotを、「実際どんなことができるの？」「ちょっと気になるけど、まだ使っていない」といった初心者ユーザー向けに、今回書籍化しました。

本書は、Windows 11ユーザーであれば、誰でもはじめられる無償版のCopilotを使った基本的な操作を中心に解説しています。文章や画像の作成から、仕事で役立ちそうな業務マニュアルの大枠の作成、企画案のアイデア出しなどをCopilotが手伝ってくれます。Copilotへの指示の仕方やちょっとしたコツさえ掴めば、すぐに使いこなすことができるでしょう。

また、第6章では、有償版のCopilot Proを使用した技を解説しています。
解説を読んで気になる方は、ぜひ有償版にアップグレードして、さらに広範囲で充実した機能を試してみてください。

本書で操作していただくことによって、Copilotの基礎的な知識を身に付けていただければと思います。普段より少しでもパソコンでの作業が効率的で気持ちのよいものになることを願っています。

2024年9月23日
FOM出版

Contents

目次

第3章 情報の検索や整理をしよう

第4章
資料を作成しよう

第5章
ビジネスに活用しよう

第6章
Officeと連携しよう

本書をご利用いただく前に

本書で操作を進める前に、ご一読ください。

1. 本書の記述について

操作の説明のために使用している記述には、次のような意味があります。

記述	意味
入力	Copilotのプロンプト入力欄にプロンプト（質問）を入力し、Copilotに送信した画面です。
出力	プロンプトを送信後にCopilotから得られた回答を表示した画面です。
COLUMN	手順の操作に加えて補足情報として、知っておくと便利なテクニックについて紹介しています。

2. 製品名の記載について

本書では、次の名称を使用しています。

正式名称	本書で使用している名称
Windows 11	Windows
Microsoft Copilot	Copilot
Microsoft Copilot Pro	Copilot Pro
Copilot in Edge	Edge Copilot

3. 操作環境について

本書で紹介している内容を操作するには、次のソフトウェアが必要です。

- Windows 11
- Microsoft Edge
- Microsoft 365

4. 本書を開発した環境について

本書を開発した環境は、次のとおりです。

- OS　：Windows 11（23H2 22631.3880）
- アプリケーション　：Microsoft 365（2406.17726.20160）
- ディスプレイ　：画面解像度1280×768ピクセル

※テキスト内の画面表示は、画面解像度を変更しているものもあります。
※インターネットに接続できる環境で操作することを前提に記述しています。
※Copilotからの出力は、環境によって本書に記載の内容と異なる場合があります。また、画面の表示が異なる場合や記載の機能が操作できない場合があります。

5. 本書の最新情報および特典のダウンロードについて

本書に関する最新のQ&A情報や訂正情報、重要なお知らせなどについては、FOM出版のホームページでご確認ください。
また、本書で使用するファイルは、FOM出版のホームページで提供しています。
ダウンロードしてご利用ください。

▼ホームページアドレス

https://www.fom.fujitsu.com/goods/

▼ホームページ検索用キーワード

FOM出版

※アドレスを入力するとき、間違いがないか確認してください。

ダウンロード

特典をダウンロードする方法は、次のとおりです。

❶Webブラウザーを起動し、FOM出版のホームページを表示します。
※アドレスを直接入力するか、キーワードでホームページを検索します。

❷《ダウンロード》をクリックします。

❸《生成AI》の《生成AI》をクリックします。

❹《Copilotではじめる生成AI入門》の「fpt2405.zip」をクリックします。

❺ダウンロードが完了したら、Webブラウザーを終了します。

※ダウンロードしたファイルは、パソコン内のフォルダー「ダウンロード」に保存されます。解凍してご利用ください。解凍方法はFOM出版のホームページでご確認ください。

Copilot利用上の注意事項

Copilotは、ユーザーがより効率的かつ生産性の高いパフォーマンスを維持できるように手助けをするAIです。建設的な目的で利用することが推奨されます。正しく安全に利用しましょう。

⚠プライバシーとセキュリティ

入力したデータは、AIの精度向上のため使用されることがあります。企業の機密データや個人情報の入力は避けてください。オンラインでのデータの露出は、リスクが伴います。なお、無料版と有料版で個人情報の取り扱いが異なります。Microsoftの公式サイトでは新しい情報が常に更新されているので、定期的に確認しましょう。

⚠コンテンツの商用利用

コンテンツの商用利用の取り扱いに関しては、Microsoftの利用規約に準拠しています。無料版のCopilotで生成されたものは、商用目的での利用はできません。商用利用をするにはライセンスの購入が必要です。

⚠情報の正確性・信憑性

最新で正確な情報を提供するよう努めていますが、生成される内容やプログラミングコードなどには、誤りがある場合があります。参照先のURLや他の信頼できる情報源を使ってダブルチェックをしましょう。

⚠サポート制限

著作権で保護されたコンテンツ（書籍や歌詞の全文や個人情報など）を、そのまま提供することはできません。また、専門的な技術や医学、法律などのアドバイスや診断、複雑なタスクの依頼には、対応できません。必ず適切な機関に相談してください。

⚠行動規範

Copilotは、学習や日常生活のサポートなどを目的としたツールです。そのため、他者への攻撃や差別目的、プライバシーなどを脅かす行為への使用は、控えてください。

第 1 章

Copilotの概要・基本操作

Section

01 Copilotとは

Copilotを知る

Copilotとは

「Copilot（コパイロット）」とは、Microsoft社が提供している生成AIツールです。「副操縦士」という意味があり、操縦士である我々（ユーザー）をあらゆる面でサポートしてくれる存在です。アカウントの作成は必要なく、パソコンやモバイルデバイスから、誰でもすぐに利用を開始できます。

Copilotでできること

Copilotには、Windowsのタスクバーから起動するものと、Microsoft Edgeのタスクバーから起動するものがあり、主に質疑応答・文章・コード・画像などの生成ができます。高度な言語生成モデルやAI画像生成モデル、Web検索や画像認識機能を備えており、ユーザーからの質問や指示に的確に回答できるようになっています。また、有料版のCopilotも用意されており、有料版では無料版の機能に加えてMicrosoft 365のアプリとデータに接続して、WordやExcelといった各アプリでCopilotを活用した文章の執筆や計算などを実行できます。

Copilotの使用における基本的な流れ

Copilotの使用は、ユーザーが「この画像の言語は？」「〇〇ってなんだっけ？」「〇〇についてブログ記事を書いて」などといったプロンプトを入力して送信することからはじまります。「プロンプト」とは、ユーザーがする指示や質問、要求のことです。そのあと、Copilotがプロンプトの内容を読み解き、適した回答を出力します。プロンプト入力→回答（画像やテキストの出力）という流れが基本的な流れです。

▲ https://www.microsoft.com/ja-jp/microsoft-copilot

Section 02 Copilotの種類について知る

Copilotの種類を比較する

ここでは、現在提供されている4種類のCopilotを比較します。利用するユーザーや目的によって、最適な種類は異なります。Microsoftの公式ホームページで詳しいサービスを調べましょう(14ページ参照)。本書では、主にWindowsのデスクトップに表示されるCopilotの画面を使って解説しています。

	Copilot	Edge Copilot	Copilot Pro	Copilot for Microsoft 365
利用できる場所	Windows 11(※1)のデスクトップ	Microsoft Edgeのサイドバー	Windows 11のデスクトップ/Microsoft Edgeのサイドバー/Web版「Microsoft 365」アプリ	デスクトップ版「Microsoft 365」アプリで利用
利用対象	個人向け	個人向け	個人ビジネスユーザー向け	一般法人〜大企業向け
価格	無料	無料	3,200円(税込み)/月	4,497円(税抜き)/月
AIモデル	言語モデル:GPT-4 Turbo 画像生成モデル:DALL-E 3	言語モデル:GPT-4 Turbo 画像生成モデル:DALL-E 3	言語モデル:GPT-4 Turbo 画像生成モデル:DALL-E 3	言語モデル:GPT-4 Turbo 画像生成モデル:DALL-E 3
Microsoft 365アプリとの連携	×	×	○	○
Microsoft 365アプリへのアクセス	×	×	○	○
文章作成	○	○	○	○
画像生成	○	○	○	○
Web検索	○	○	○	○
アプリ起動・パソコンの操作	○	×	○	○
モバイルアプリ	○(※2)	○(※3)	○(※2)	○(※4)

※1 一部のWindows 10デバイスで利用可能。機能の利用制限あり。

※2「Microsoft Copilot」アプリで利用可能。

※3「Microsoft Edge」アプリで利用可能。

※4「Microsoft 365」アプリで利用可能。

Section

03 Copilotを利用するには

Copilotの利用を開始する

Copilotを利用する環境を整える

バージョンが最新状態（22H2以降）のパソコンであれば、Windows 10／11でCopilotが標準搭載されています。

WindowsにMicrosoftアカウントでサインインしている場合は、CopilotとEdge Copilotはそのアカウントで自動でサインインされていますが、ローカルアカウントでサインインしている場合は、起動時の画面上に「サインイン」と表示されます。サインインしなくても利用できますが、回答数や画像生成不可といった制限がかかるため、クリックしてMicrosoftアカウントにサインインすることを推奨します。なお、CopilotかEdge Copilotのどちらかにサインインすると、一方も同じアカウントでサインインされ、機能制限が解かれます。既にサインインが完了している方は、22ページ以降ですぐに試してみましょう。

CopilotでMicrosoftアカウントにサインインする

Microsoftアカウントにサインインしなくても Copilotは利用できますが、制限が設けられています。ここでは、サインインの手順を解説します。

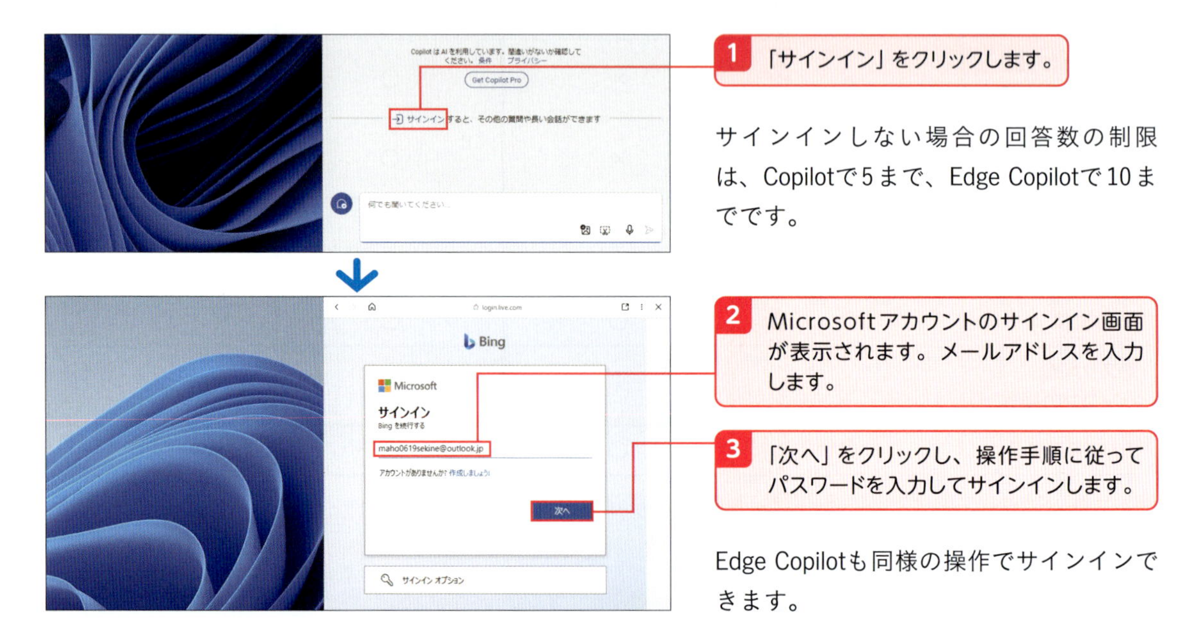

1 「サインイン」をクリックします。

サインインしない場合の回答数の制限は、Copilotで5まで、Edge Copilotで10までです。

2 Microsoftアカウントのサインイン画面が表示されます。メールアドレスを入力します。

3 「次へ」をクリックし、操作手順に従ってパスワードを入力してサインインします。

Edge Copilotも同様の操作でサインインできます。

Edge Copilotの利用を開始する

WindowsやMicrosoft Edge自体にMicrosoftアカウントでサインインしなくても、Edge Copilotは利用できます。Microsoft Edgeのサイドバーに表示されるアイコンをクリックするだけです。

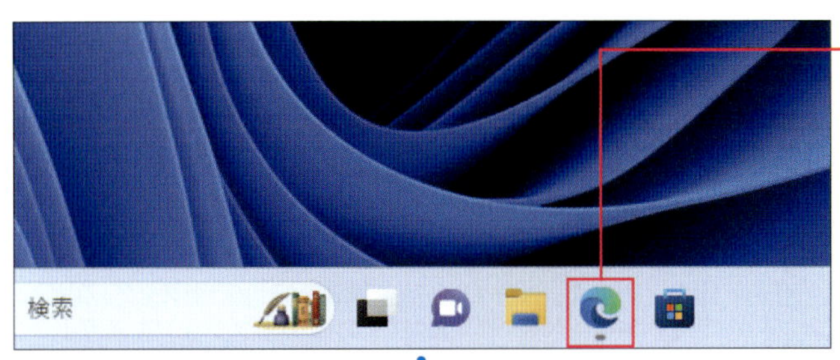

1 タスクバーのをクリックします。

Edge CopilotはMicrosoft Edgeのサイドバーから起動します。

Microsoft Edgeを起動後にショートカットキーのCtrl＋Shift＋.でも起動できます。

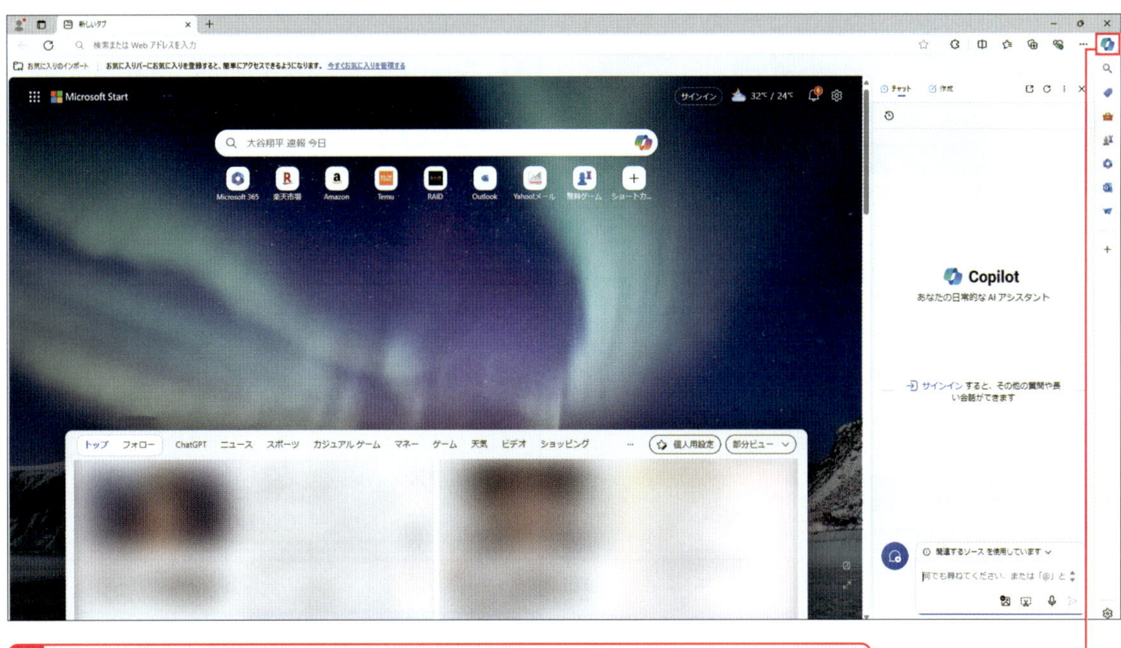

2 Microsoft Edgeが起動します。をクリックすると、Edge Copilotが起動します。

COLUMN

CopilotとEdge Copilotのデータの同期

Edge Copilotをパソコンと同じMicrosoftアカウントでサインインしていると、履歴やチャットなどのデータが同期されます。

Section

04 Copilotの画面構成

Copilotの画面構成（起動時）

ここでは、Copilotを起動後の画面構成を解説します。本書執筆時、Copilotはプレビュー版のみの提供です。画面構成や機能は変更される場合があります。

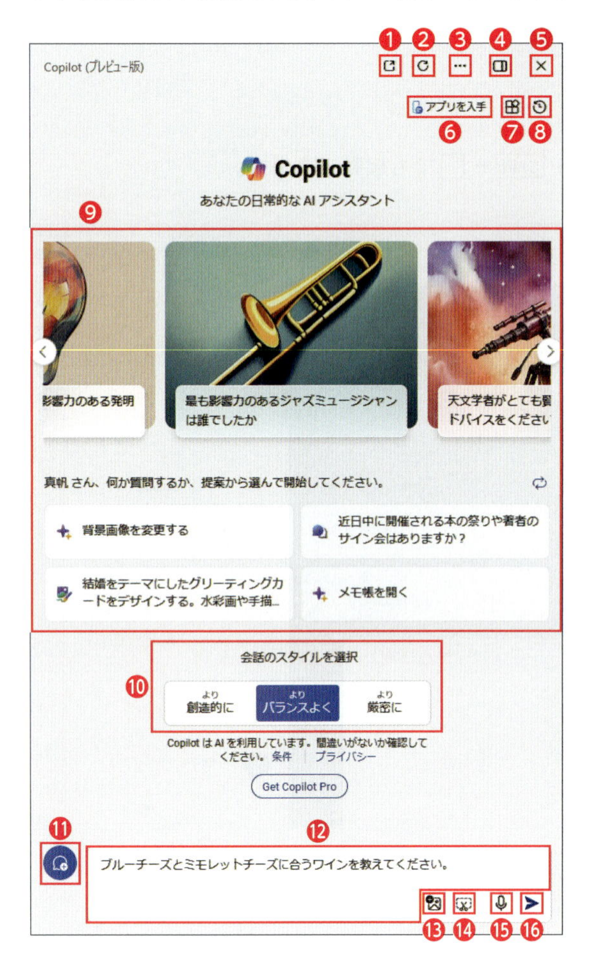
Copilot (プレビュー版)
アプリを入手
Copilot
あなたの日常的な AI アシスタント
影響力のある発明
最も影響力のあるジャズミュージシャンは誰でしたか
天文学者がとても質
ドバイスをくださ
真帆 さん、何か質問するか、提案から選んで開始してください。
背景画像を変更する
近日中に開催される本の祭りや著者のサイン会はありますか？
結婚をテーマにしたグリーティングカードをデザインする。水彩画や手描...
メモ帳を開く
会話のスタイルを選択
より 創造的に
より バランスよく
より 厳密に
Copilot は AI を利用しています。間違いがないか確認してください。 条件 | プライバシー
Get Copilot Pro
ブルーチーズとミモレットチーズに合うワインを教えてください。

❶	Microsoft EdgeでWeb版のCopilotが開きます。
❷	最新の状態に更新します。

❸	「設定」や「ノートブック」など、その他のオプションを表示します。
❹	他のアプリとCopilotを重ねて表示するか、並べて比較して表示するか切り替えられます。
❺	Copilotが閉じます。
❻ アプリを入手	アプリ版CopilotのQRコードが表示されます。
❼	プラグインです。アプリの機能を拡張できます。
❽	チャットの履歴が表示されます（26ページ参照）。
❾ プロンプト例	Copilotが提案する対応可能なプロンプト例です。随時更新されます。
❿ 会話のスタイル	選択可能な会話のスタイルです。スタイルによって表現が微妙に異なります（23ページCOLUMN参照）。
⓫	新しいチャットが表示されます（25ページ参照）。
⓬ プロンプト入力欄	プロンプト入力欄です。
⓭	画像をアップロードできます（74ページ参照）。
⓮	アップロードする画面を切り取ってCopilotに送信できます。
⓯	マイクを使用できます(24ページ参照)。
⓰	プロンプトを送信します。Enterでも可能です。

Copilotの画面構成（プロンプト送信後）

ここでは、プロンプト（質問）送信後に表示される画面構成を解説します。なお、画面左端をマウスで左右にドラッグすると、横幅を変えられます。見やすいように調節しましょう。

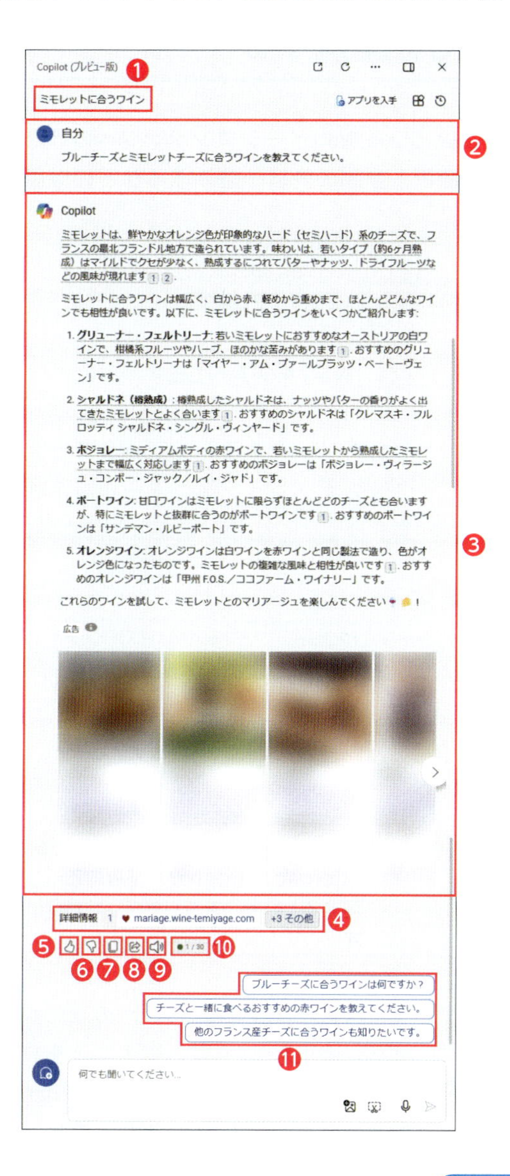

Copilot（プレビュー版）
ミモレットに合うワイン
アプリを入手
自分
ブルーチーズとミモレットチーズに合うワインを教えてください。
Copilot
ミモレットは、鮮やかなオレンジ色が印象的なハード（セミハード）系のチーズで、フランスの最北フランドル地方で造られています。味わいは、若いタイプ（約6ヶ月熟成）はマイルドでクセが少なく、熟成するにつれてバターやナッツ、ドライフルーツなどの風味が現れます
ミモレットに合うワインは幅広く、白から赤、軽めから重めまで、ほとんどどんなワインでも相性が良いです。以下に、ミモレットに合うワインをいくつかご紹介します：
1. グリューナー・フェルトリーナ：若いミモレットにおすすめなオーストリアの白ワインで、柑橘系フルーツやハーブ、ほのかな苦みがあります。おすすめのグリューナー・フェルトリーナは「マイヤー・アム・ファールプラッツ・ベートーヴェン」です。
2. シャルドネ（樽熟成）：樽熟成したシャルドネは、ナッツやバターの香りがよく出てきたミモレットとよく合います。おすすめのシャルドネは「クレマスキ・フルロッティ シャルドネ・シングル・ヴィンヤード」です。
3. ボジョレー：ミディアムボディの赤ワインで、若いミモレットから熟成したミモレットまで幅広く対応します。おすすめのボジョレーは「ボジョレー・ヴィラージュ・コンボー・ジャック／ルイ・ジャド」です。
4. ポートワイン：甘口ワインはミモレットに限らずほとんどどのチーズとも合いますが、特にミモレットと抜群に合うのがポートワインです。おすすめのポートワインは「サンデマン・ルビーポート」です。
5. オレンジワイン：オレンジワインは白ワインを赤ワインと同じ製法で造り、色がオレンジ色になったものです。ミモレットの複雑な風味と相性が良いです。おすすめのオレンジワインは「甲州 F.O.S.／ココファーム・ワイナリー」です。
これらのワインを試して、ミモレットとのマリアージュを楽しんでください！
広告
詳細情報 1 mariage.wine-temiyage.com +3 その他
ブルーチーズに合うワインは何ですか？
チーズと一緒に食べるおすすめの赤ワインを教えてください。
他のフランス産チーズに合うワインも知りたいです。
何でも聞いてください...

❶ **チャット名**	チャット名です。自動的に作成されます。
❷ **プロンプト**	送信したプロンプトです。マウスカーソルを合わせると□が表示されコピーできます。
❸ **出力**	Copilotが出力した回答です。下線と番号が振ってある部分はWebサイトを引用しています。
❹ **詳細情報**	参照先のWebサイトのURLです。クリックするとWebブラウザーで開きます。
❺ （いいねアイコン）	出力された回答に「いいね！」と評価します。再度クリックすると取り消せます。
❻ （低評価アイコン）	出力された回答を低く評価します。再度クリックすると取り消せます。
❼ （コピーアイコン）	出力された回答をコピーします。
❽ （共有アイコン）	チャット内容をSNSやメールで他者に共有します。
❾ （音声アイコン）	「音声読み上げ」アイコンです。出力された回答が自動音声で読み上げられます。
❿ **回答数**	チャットで行った回答数です。1つのチャットでの回答数は最大30までです。
⓫ **プロンプト例**	出力された内容に関連する次のプロンプト候補です。クリックすると送信され回答が出力されます。

COLUMN

ショートカットキーでCopilotを起動／終了する

Copilotは、キーボードの ⊞ + C で起動できます。再度押すと閉じます。

Section
05 Webページへのアクセスを許可する

CopilotとMicrosoft Edgeを連携する

Copilot と Microsoft Edge を連携すると、Microsoft Edge で開いている Web ページコンテンツへのアクセスが許可されます。サイト上の記事や PDF ファイルの要約や翻訳、動画の内容を読み取るなどの機能を利用できます。

1 …をクリックします。

2 「設定」をクリックします。

…をクリックすると、Copilotで行えるその他のオプションメニューが表示されます。

3 「Copilotがコンテキストのヒントを Microsoft Edgeから読み取ることを許可する」の をクリックして にします。

「Copilotがコンテキストのヒントを Microsoft Edgeから読み取ることを許可する」をオンにすると、Microsoft Edge と連携し、Webページや Webブラウザーの履歴といったユーザーのデータに接続できます。

Edge CopilotでWeb上のコンテキストによるヒントを有効にする

Edge Copilotで、「Web上のコンテキストによるヒントを、Copilotが読み取ることを許可する」を有効にすると、Edge Copilotから Microsoft Edgeで開いているWebページ上の内容や履歴、ユーザーのアクティビティに基づいて情報を読み取れるようになります。そうすることで、より適切な回答を出力する効果を期待できます。

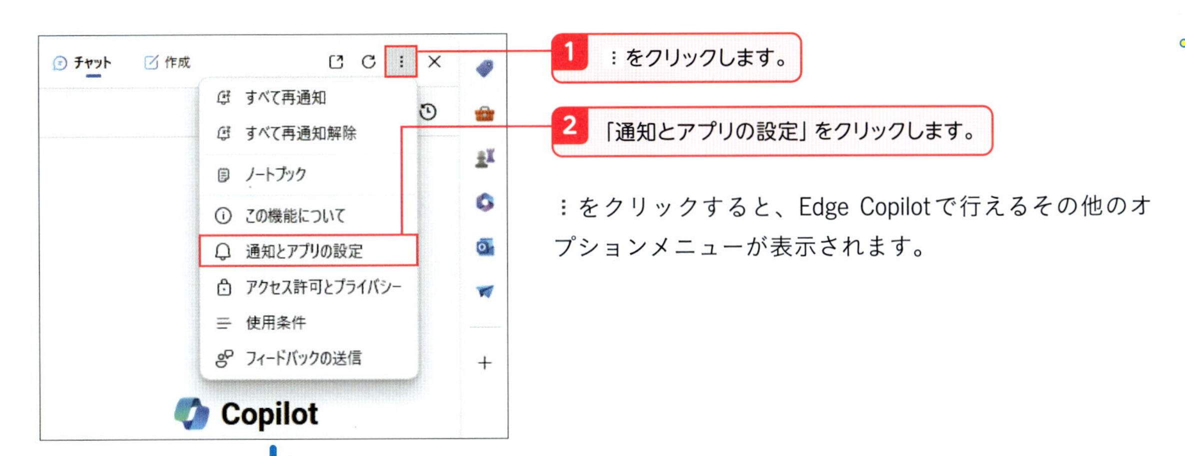

1 ：をクリックします。

2 「通知とアプリの設定」をクリックします。

：をクリックすると、Edge Copilotで行えるその他のオプションメニューが表示されます。

新しいタブが起動し、Microsoft EdgeでEdge Copilotの設定画面が表示されます。アクセスを許可すると、Webページや Webブラウザーの履歴といったユーザーのデータに接続できます。

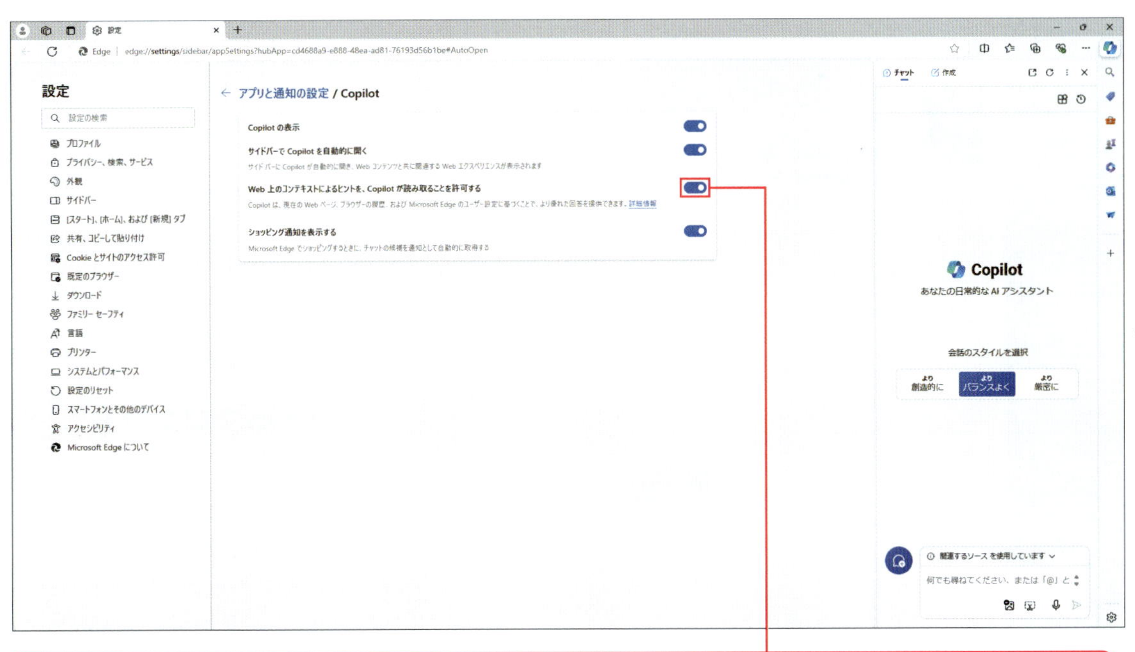

3 「Web上のコンテキストによるヒントを、Copilotが読み取ることを許可する」の をクリックして にします。

Section

06 Copilotに質問する

Copilotを使ってみる

Copilotを利用できる環境が整ったら、早速使ってみましょう。入力する内容は問いません。なんでも回答してくれます。ここでは、Copilot起動からプロンプト（質問）入力→回答出力→Copilot終了まで、基本的な一連の流れを解説します。

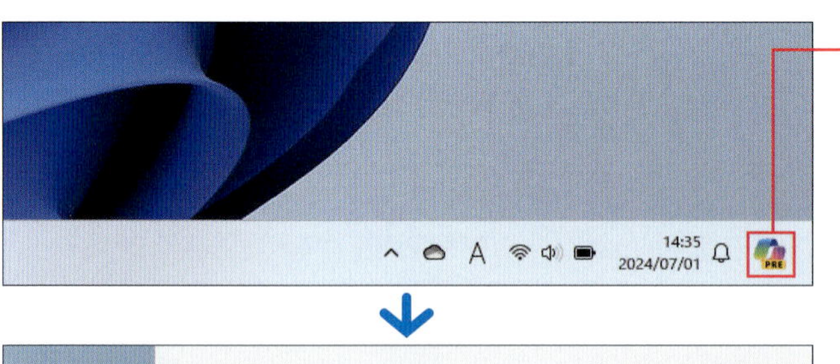

1 タスクバーのをクリックします。

ショートカットキーの⊞＋Cでも起動できます。

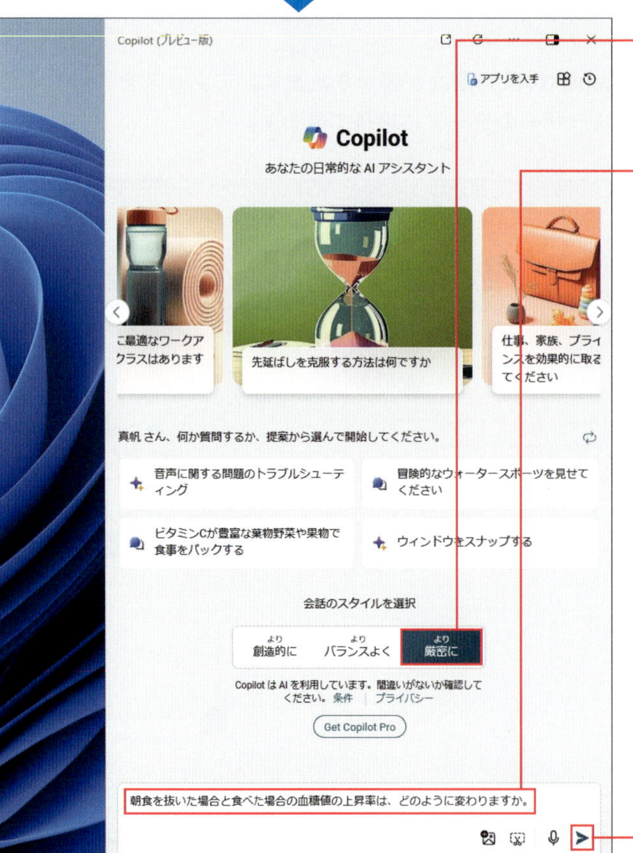

2 Copilotが起動します。「会話のスタイル」（ここでは「より厳密に」）をクリックして選択します。

3 プロンプト入力欄をクリックしてプロンプトを入力します。

4 ➤をクリックします。

Enterでも送信できます。

COLUMN

入力するプロンプト

入力するプロンプトが不明確だと、Copilotは適切な応答ができません。具体的且つ明確なプロンプトが必要です。よりよい結果を出力するために、Copilotからプロンプト内容を深堀りする質問が返ってくる場合もあります。

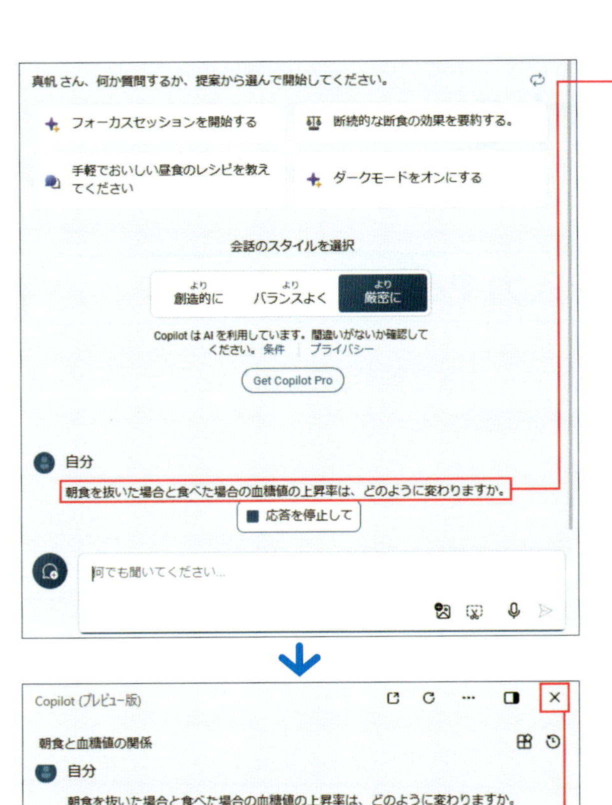
真帆 さん、何か質問するか、提案から選んで開始してください。
フォーカスセッションを開始する
断続的な断食の効果を要約する。
手軽でおいしい昼食のレシピを教えてください
ダークモードをオンにする
会話のスタイルを選択
より 創造的に
より バランスよく
より 厳密に
Copilot は AI を利用しています。間違いがないか確認してください。条件 | プライバシー
Get Copilot Pro
自分
朝食を抜いた場合と食べた場合の血糖値の上昇率は、どのように変わりますか。
応答を停止して
何でも聞いてください...

5 プロンプトが送信されます。

プロンプトが送信され、しばらくすると回答が一文ずつ出力されます。

COLUMN

会話のスタイル

会話のスタイルは、コンテンツの目的と読者のニーズによって変更することをおすすめします。「より創造的に」は詩や創作物などのアイデアを生み出したいとき、「よりバランスよく」は説明やレポートなどの中立的で客観的な情報伝達をしたいとき、「より厳密に」は科学的な論文や技術的な記事を展開したいときなどに選択するとよいです。基本的には、「よりバランスよく」を選択していて問題ないでしょう。

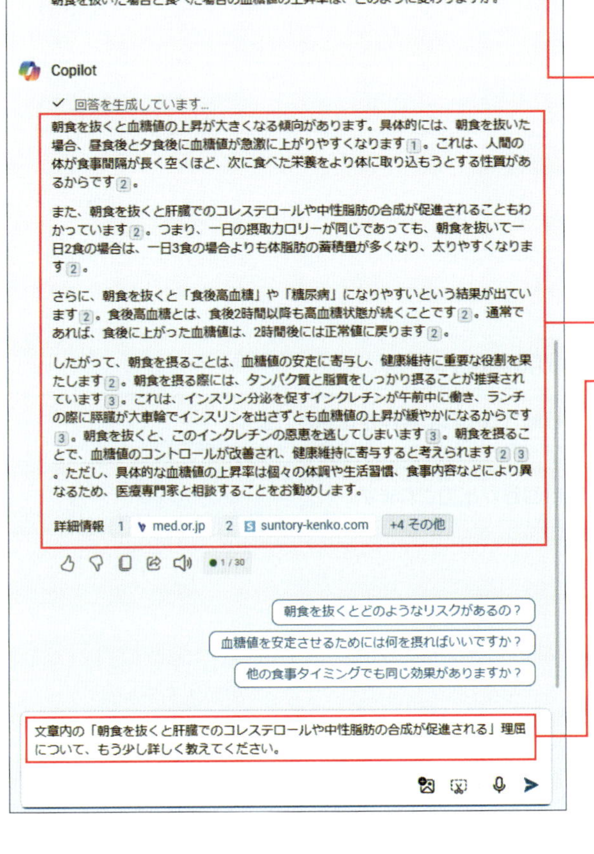
Copilot (プレビュー版)
朝食と血糖値の関係
自分
朝食を抜いた場合と食べた場合の血糖値の上昇率は、どのように変わりますか。
Copilot
回答を生成しています...
朝食を抜くと血糖値の上昇が大きくなる傾向があります。具体的には、朝食を抜いた場合、昼食後と夕食後に血糖値が急激に上がりやすくなります 1。これは、人間の体が食事間隔が長く空くほど、次に食べた栄養をより体に取り込もうとする性質があるからです 2。
また、朝食を抜くと肝臓でのコレステロールや中性脂肪の合成が促進されることもわかっています 2。つまり、一日の摂取カロリーが同じであっても、朝食を抜いて一日2食の場合は、一日3食の場合よりも体脂肪の蓄積量が多くなり、太りやすくなります 2。
さらに、朝食を抜くと「食後高血糖」や「糖尿病」になりやすいという結果が出ています 2。食後高血糖とは、食後2時間以降も高血糖状態が続くことです 2。通常であれば、食後に上がった血糖値は、2時間後には正常値に戻ります 2。
したがって、朝食を摂ることは、血糖値の安定に寄与し、健康維持に重要な役割を果たします 2。朝食を摂る際には、タンパク質と脂質をしっかり摂ることが推奨されています 3。これは、インスリン分泌を促すインクレチンが午前中に働き、ランチの際に膵臓が大車輪でインスリンを出さずとも血糖値の上昇が緩やかになるからです 3。朝食を抜くと、このインクレチンの恩恵を逃してしまいます 3。朝食を摂ることで、血糖値のコントロールが改善され、健康維持に寄与すると考えられます 2 3。ただし、具体的な血糖値の上昇率は個々の体調や生活習慣、食事内容などにより異なるため、医療専門家と相談することをお勧めします。
詳細情報 1 med.or.jp 2 suntory-kenko.com +4 その他
朝食を抜くとどのようなリスクがあるの？
血糖値を安定させるためには何を摂ればいいですか？
他の食事タイミングでも同じ効果がありますか？
文章内の「朝食を抜くと肝臓でのコレステロールや中性脂肪の合成が促進される」理屈について、もう少し詳しく教えてください。

6 Copilotから回答が出力されます。

7 ×をクリックするとCopilotが閉じます。

再度チャットを起動すると、チャットを閉じる前の画面が表示されます。

回答のあとに、再度プロンプトを入力、送信することで、質問を継続することができます。

COLUMN

出力される情報の精度

AIによって生成されたコンテンツは、情報に誤りがある場合があります。必ず表示されるURLを確認したり自分自身で調べたりすることが必要です。

Section
07 音声で質問する

マイクを使ってプロンプトを入力する

プロンプトは、音声で入力することもできます。出力された回答は音声で読み上げられ、プロンプト入力欄や「応答を停止して」をクリックすると、音声が停止します。

入力

🎙をクリックすると、プロンプト入力欄に「聞いています」と表示されるのでマイクに向かって話します。

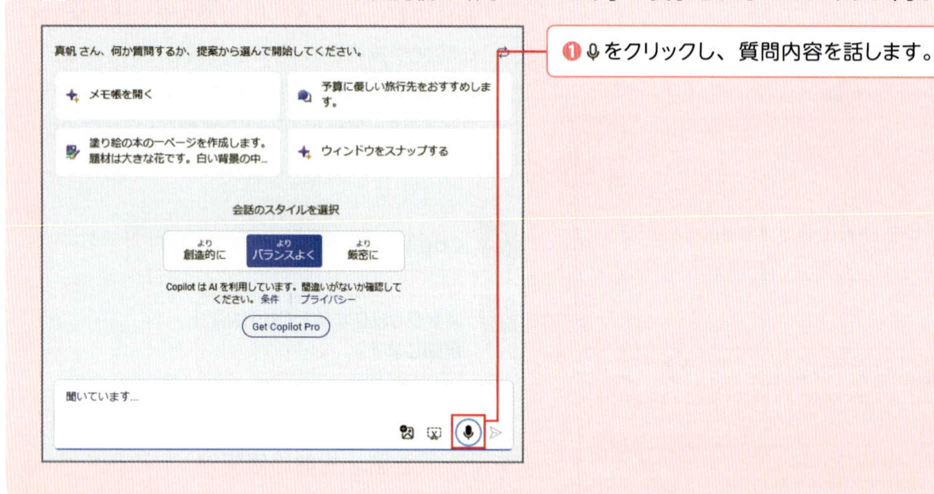

真帆 さん、何か質問するか、提案から選んで開始してください。
メモ帳を開く
予算に優しい旅行先をおすすめします。
塗り絵の本の一ページを作成します。題材は大きな花です。白い背景の中…
ウィンドウをスナップする
会話のスタイルを選択
より 創造的に
より バランスよく
より 厳密に
Copilot は AI を利用しています。間違いがないか確認してください。 条件 | プライバシー
Get Copilot Pro
聞いています…
❶🎙をクリックし、質問内容を話します。

出力

回答がテキストで出力されると同時に音声でも読み上げられます。

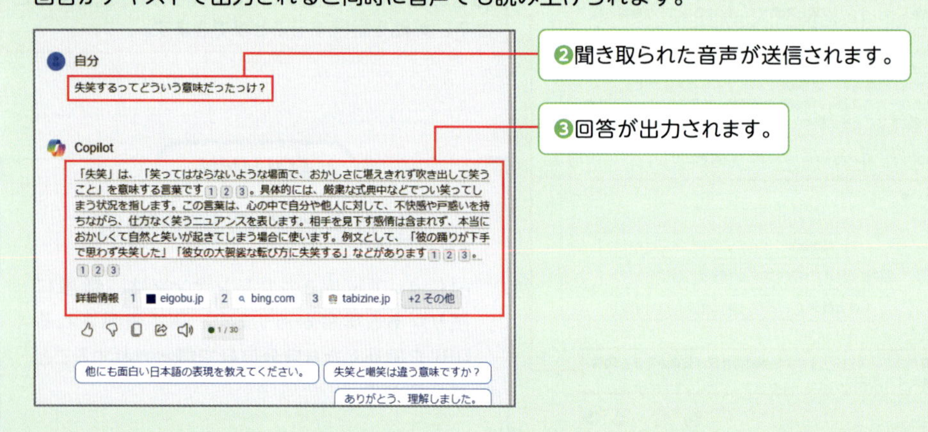

自分
失笑するってどういう意味だったっけ？
Copilot
「失笑」は、「笑ってはならないような場面で、おかしさに堪えきれず吹き出して笑うこと」を意味する言葉です 1 2 3。具体的には、厳粛な式典中などでつい笑ってしまう状況を指します。この言葉は、心の中で自分や他人に対して、不快感や戸惑いを持ちながら、仕方なく笑うニュアンスを表します。相手を見下す感情は含まれず、本当におかしくて自然と笑いが起きてしまう場合に使います。例文として、「彼の踊りが下手で思わず失笑した」「彼女の大袈裟な転び方に失笑する」などがあります 1 2 3。
詳細情報 1 eigobu.jp 2 bing.com 3 tabizine.jp +2 その他
1 / 30
他にも面白い日本語の表現を教えてください。
失笑と嘲笑は違う意味ですか？
ありがとう、理解しました。
❷聞き取られた音声が送信されます。
❸回答が出力されます。

Section

08 新しい質問をする

新しいチャットを作成する

話題を切り替えて新しい質問をしたいときは、新しいチャットを作成します。なお、1つのチャットで可能なやり取りは往復30までなので、それを超える際も新しく作成しましょう。

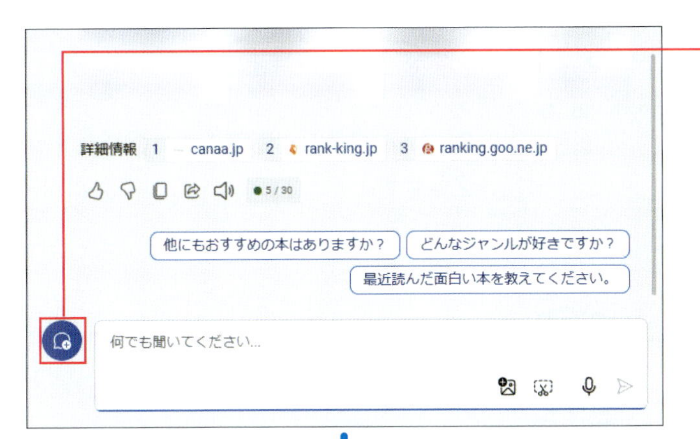

詳細情報 1 canaa.jp 2 rank-king.jp 3 ranking.goo.ne.jp
5 / 30
他にもおすすめの本はありますか？
どんなジャンルが好きですか？
最近読んだ面白い本を教えてください。
何でも聞いてください...

1 をクリックします。

が表示されていない場合は、プロンプト入力欄以外の場所をクリックすると表示されます。

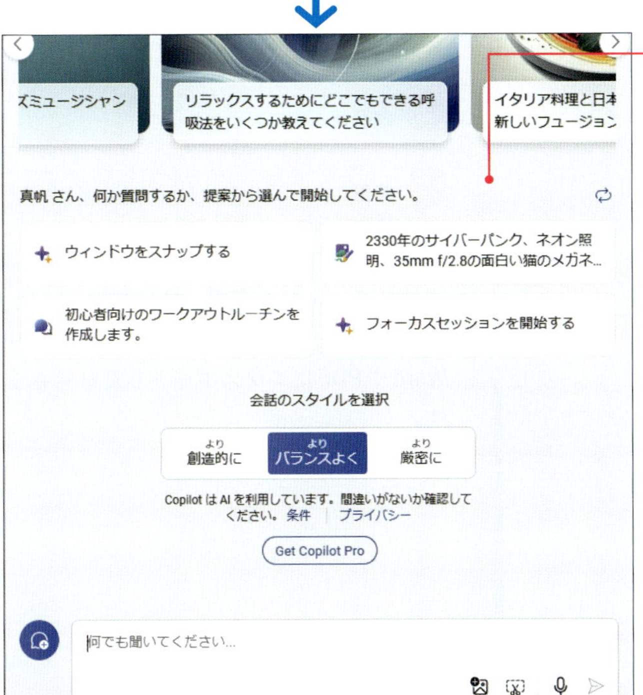

ズミュージシャン
リラックスするためにどこでもできる呼吸法をいくつか教えてください
イタリア料理と日本 新しいフュージョン
真帆 さん、何か質問するか、提案から選んで開始してください。
ウィンドウをスナップする
2330年のサイバーパンク、ネオン照明、35mm f/2.8の面白い猫のメガネ...
初心者向けのワークアウトルーチンを作成します。
フォーカスセッションを開始する
会話のスタイルを選択
より 創造的に
より バランスよく
より 厳密に
Copilot は AI を利用しています。間違いがないか確認してください。条件 | プライバシー
Get Copilot Pro
何でも聞いてください...

2 新しいチャットが開きます。

新しいチャットを開く前に操作していたチャット内容は、履歴に保存されます(26ページ参照)。

COLUMN

チャットを新しくするタイミング

新しいトピックがあるときやチャットが長くなったときには、新しいチャットを作成しましょう。内容が整理され会話の流れに適した情報を得られやすいです。また、話題が変わらない場合は、続けて質問していったほうがさらに深掘りされた回答が出力されやすいです。

Section 09 チャットの履歴を閲覧する

⏲をクリックしてチャットの履歴を一覧で表示する

チャットで最初に入力したプロンプト内容が履歴名になっています。一般的に、WindowsのCopilotは最大50件、Webページ上のCopilotとEdge Copilotでは最大200件のチャットの履歴を一時的に保存できます。

1 ⏲をクリックします。

Copilotを起動し、画面上部の⏲をクリックします。

2 履歴が一覧で表示されます。

3 履歴にカーソルを合わせると、チャット編集メニューが表示されます。

✎はチャット名の変更、🗑は削除、…はチャットをメールやSNSで共有したりWordやPDFにエクスポートしたりできます。

第2章

Windowsの操作をしよう

Section

10 メールをチェックしてもらう

メールアプリを起動する

Copilotでは、エクスプローラーやMicrosoft 365などのアプリの起動ができます。なお、Copilotで起動できないアプリの場合は、アプリの操作方法や起動方法が出力されます。

入力

「新着メールはある？」「メールアプリを起動して」「メールをチェックしたい」などと入力します。「Outlook」アプリ起動のダイアログボックスが表示されます。

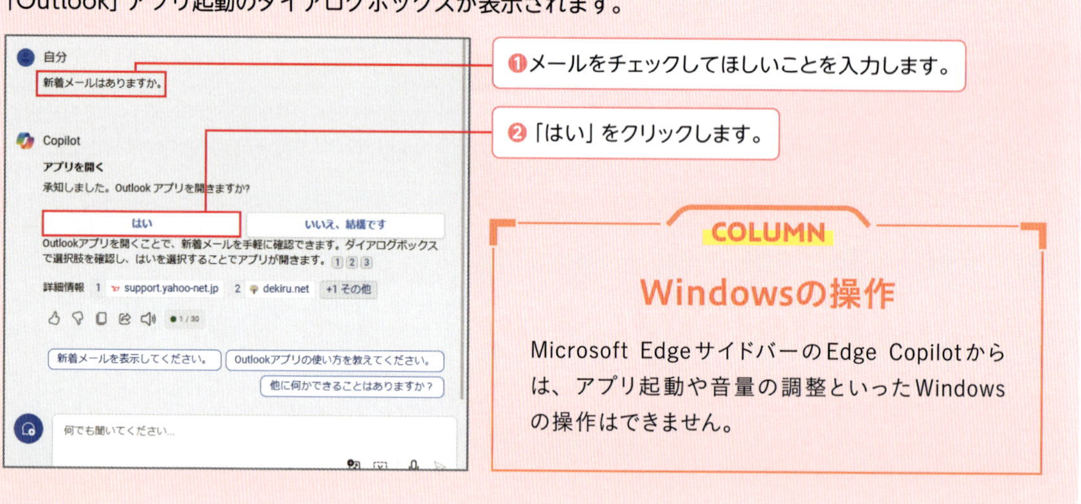
自分
新着メールはありますか。
Copilot
アプリを開く
承知しました。Outlook アプリを開きますか?
はい
いいえ、結構です
Outlookアプリを開くことで、新着メールを手軽に確認できます。ダイアログボックスで選択肢を確認し、はいを選択することでアプリが開きます。
詳細情報 1 support.yahoo-net.jp 2 dekiru.net +1 その他
新着メールを表示してください。
Outlookアプリの使い方を教えてください。
他に何かできることはありますか？
何でも聞いてください...
❶メールをチェックしてほしいことを入力します。
❷「はい」をクリックします。

COLUMN

Windowsの操作

Microsoft EdgeサイドバーのEdge Copilotからは、アプリ起動や音量の調整といったWindowsの操作はできません。

出力

「ホーム」画面の「受信」トレイが表示され、すぐにメール内容を確認できます。

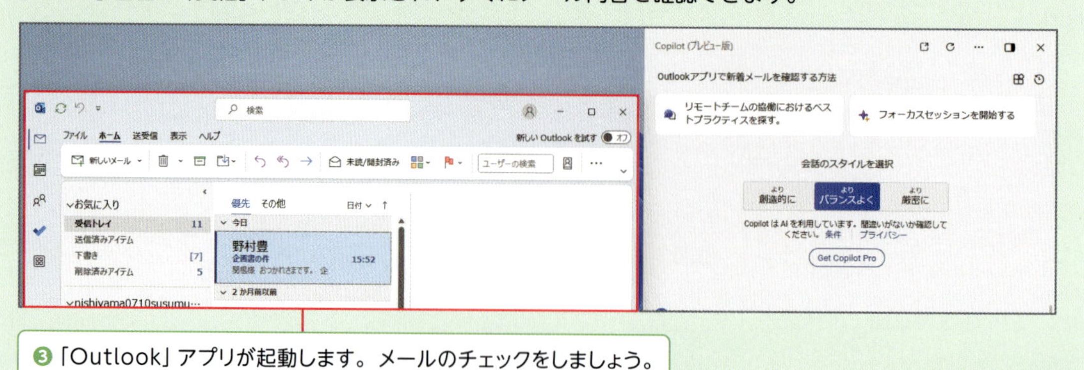
ファイル ホーム 送受信 表示 ヘルプ
新しいメール
お気に入り
受信トレイ 11
送信済みアイテム
下書き [7]
削除済みアイテム 5
優先 その他
今日
野村豊
15:52
2 か月前以前
Copilot (プレビュー版)
Outlookアプリで新着メールを確認する方法
リモートチームの協働におけるベストプラクティスを探す。
フォーカスセッションを開始する
会話のスタイルを選択
より創造的に
よりバランスよく
より厳密に
Get Copilot Pro
❸「Outlook」アプリが起動します。メールのチェックをしましょう。

Section

11 パソコンの壁紙を変更してもらう

「設定」アプリを起動する

Windowsの壁紙を変更するのに「設定」アプリを起動する必要はありません。Copilotに依頼して、変更画面を開いてもらいましょう。

入力

「設定アプリを起動して」と入力し、アプリを起動してもらわなくても、Windowsの設定を依頼するだけで「設定」アプリが起動します。

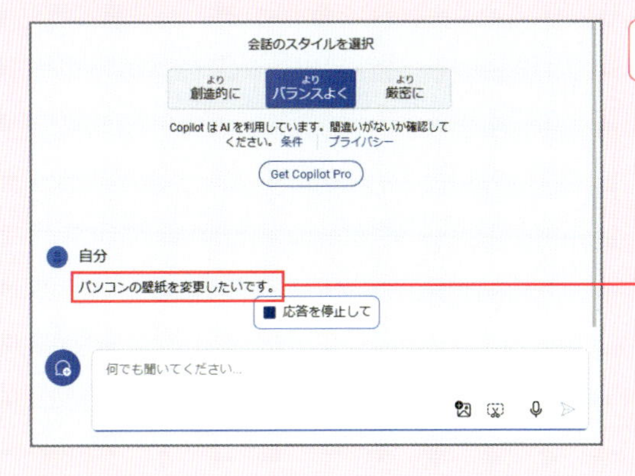

❶パソコンの壁紙を変更したいことを入力します。

出力

「設定」アプリの該当する画面を出してくれます。Copilotの重ねて表示をオフにしている場合（18ページ参照）、アプリがデスクトップ全画面に表示されます。

❷「設定」アプリの「個人用設定」の「背景」画面が表示されるので、すぐに壁紙を変更できます。

Section
12 スクリーンショットを撮影してもらう

画面に表示されている内容を画像化する

スクリーンショットは、ショートカットキーでも撮影できますが、Copilotに指示すると、画面全体や一部分を切り取って撮影できる「Snipping Tool」が開きます。

入力

「スクリーンショットを撮って」「Snipping Toolを起動して」「画面を撮影したい」などと入力します。

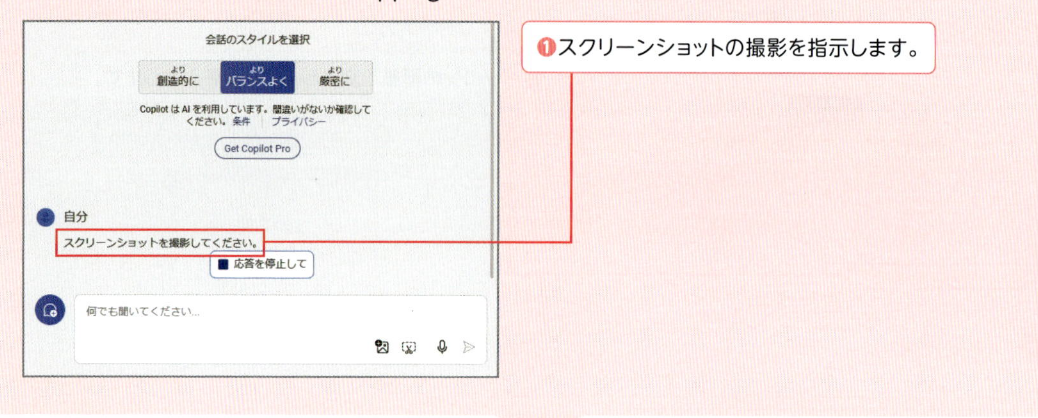

出力

Snipping Toolで撮影された画像は保存されると同時にコピーされているため、そのまま別の場所に貼り付けられます。

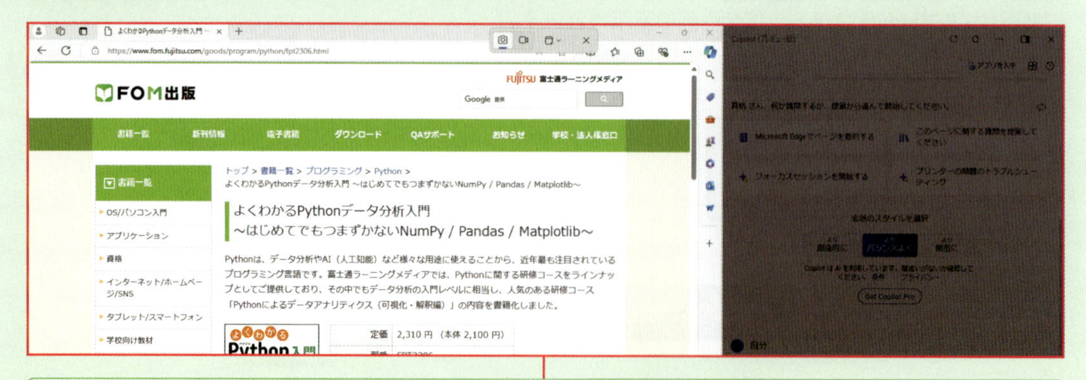

❷Snipping Toolが開きます。撮影したい場所をクリックすると画面が撮影され、エクスプローラーの「ピクチャ」フォルダーの「スクリーンショット」に保存されます。

Section 13

パソコン全体をダークモードにしてもらう

パソコンのダークモードの設定をオンにする

Copilotが可能なWindowsの操作の1つに、画面のモードをダークモードに変更するというものがあります。Windowsとアプリに表示される色が変更されます。

入力

ダークモードにすると、システム全体の設定が変更されます。

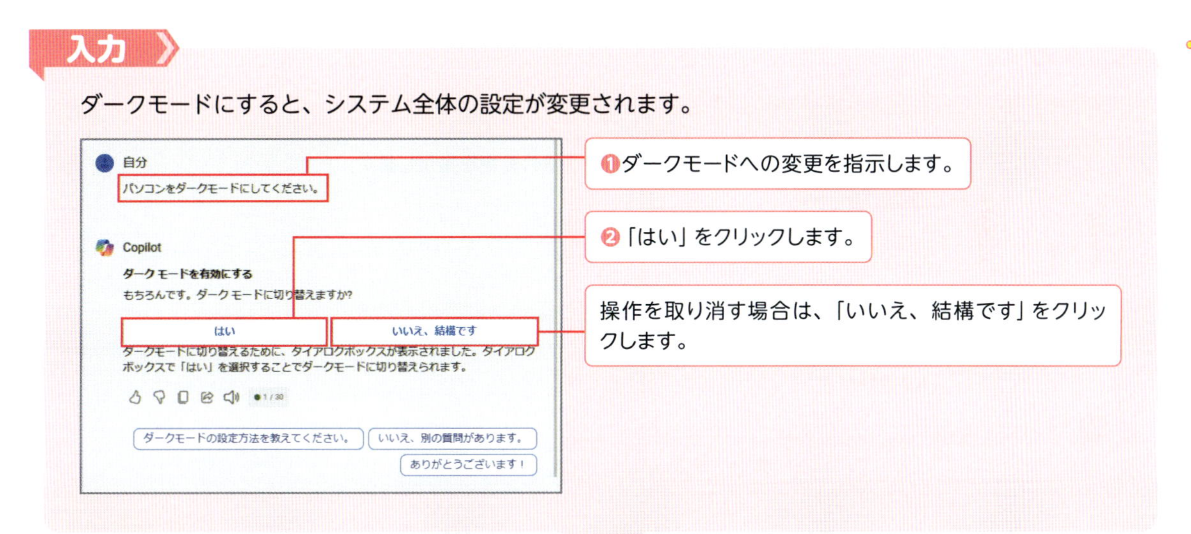
自分
パソコンをダークモードにしてください。
Copilot
ダーク モードを有効にする
もちろんです。ダーク モードに切り替えますか?
はい
いいえ、結構です
ダークモードに切り替えるために、ダイアログボックスが表示されました。ダイアログボックスで「はい」を選択することでダークモードに切り替えられます。
ダークモードの設定方法を教えてください。
いいえ、別の質問があります。
ありがとうございます！
❶ダークモードへの変更を指示します。
❷「はい」をクリックします。
操作を取り消す場合は、「いいえ、結構です」をクリックします。

出力

「ダークモードをオフにして」「元に戻して」などと入力すると、標準のライトモードに戻ります。

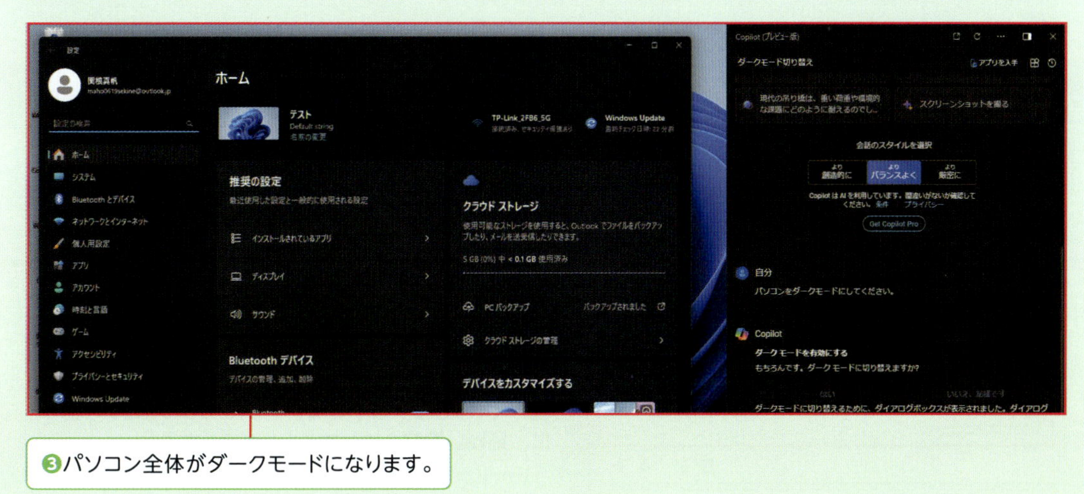
ホーム
推奨の設定
クラウド ストレージ
Bluetooth デバイス
デバイスをカスタマイズする
ダークモード切り替え
会話のスタイルを選択
自分
パソコンをダークモードにしてください。
Copilot
ダーク モードを有効にする
もちろんです。ダーク モードに切り替えますか?
❸パソコン全体がダークモードになります。

Section
14 音量を変更してもらう

音量の変更を指示する

音量の変更も、Copilotに実行してもらいましょう。音量を変更してもらったあとも、「もう少し下げて」「46にして」と指示して、細かな調整ができます。

入力

「音量を変更して」「音量を5ポイント上げて」などと入力します。

会話のスタイルを選択
より 創造的に
より バランスよく
より 厳密に
Copilot は AI を利用しています。間違いがないか確認してください。条件 プライバシー
Get Copilot Pro
自分
音量を変更してください。
応答を停止して
何でも聞いてください...

❶音量の変更を指示します。

出力

「音量を調整する」ダイアログボックスが表示されます。

自分
音量を変更してください。
Copilot
使用済み: Windows Settings
音量を調整する
承知しました。音量を 50 に設定しますか?
はい
いいえ、結構です
もちろん、音量を調整しますね！ ちなみに、お好みの音量はどのくらいですか？大きめにしたいですか、それとも静かめにしたいですか？おっしゃってください。
1 / 30
大きめにしてください。
静かめでお願いします。
もう少し小さくしてください。
もう少し下げてください。

❷「はい」をクリックすると、音量が50に設定されます。

続けて、「もう少し下げて」や「46にして」というように、細かい調整を依頼することができます。

Section
15 Bluetoothに接続してもらう

Bluetoothの設定をオンにする

Bluetoothのオン／オフは、Copilotで切り替えられます。また、「Bluetoothに接続されているデバイスは？」と入力すると、「設定」アプリの「デバイス」の「接続」画面が表示され、接続中のマウスやスマートフォンなどを確認できます。

入力

「Bluetoothに接続したい」「Bluetoothでイヤホンを繋げたい」などと入力します。

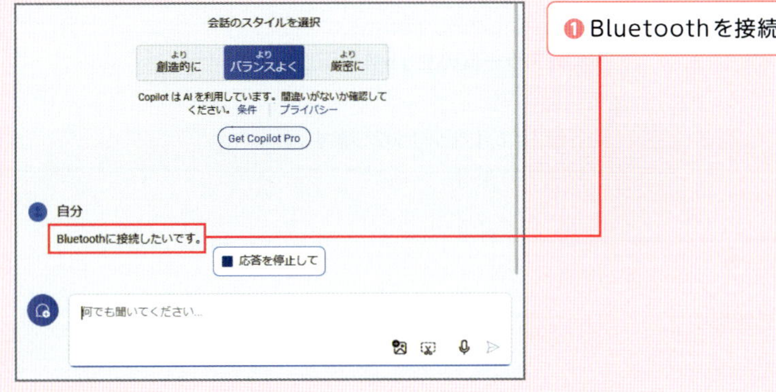

会話のスタイルを選択
より 創造的に
より バランスよく
より 厳密に
Copilot は AI を利用しています。間違いがないか確認してください。 条件 プライバシー
Get Copilot Pro
自分
Bluetoothに接続したいです。
応答を停止して
何でも聞いてください...

❶ Bluetoothを接続したいことを入力します。

出力

「Bluetoothをオンにする」ダイアログボックスが表示されます。

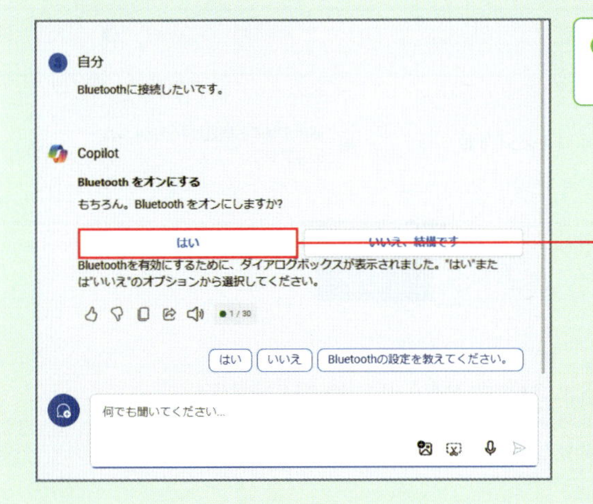

自分
Bluetoothに接続したいです。
Copilot
Bluetooth をオンにする
もちろん。Bluetooth をオンにしますか?
はい
いいえ、結構です
Bluetoothを有効にするために、ダイアログボックスが表示されました。"はい"または"いいえ"のオプションから選択してください。
はい
いいえ
Bluetoothの設定を教えてください。
何でも聞いてください...

❷「はい」をクリックすると、Bluetoothがオンになります。

Section

16 アラームをセットしてもらう

フォーカスセッションを開始する

Copilotでアラームのセットをお願いすると、時間を管理するフォーカスセッションが開始します。フォーカスセッション中は通知が停止し、時間になるとアラームで知らせてくれるため集中したいときに活用できるツールです。

入力

タイマーをかけたい時間を入力します。「フォーカスセッションを設定する」ダイアログボックスが表示されます。

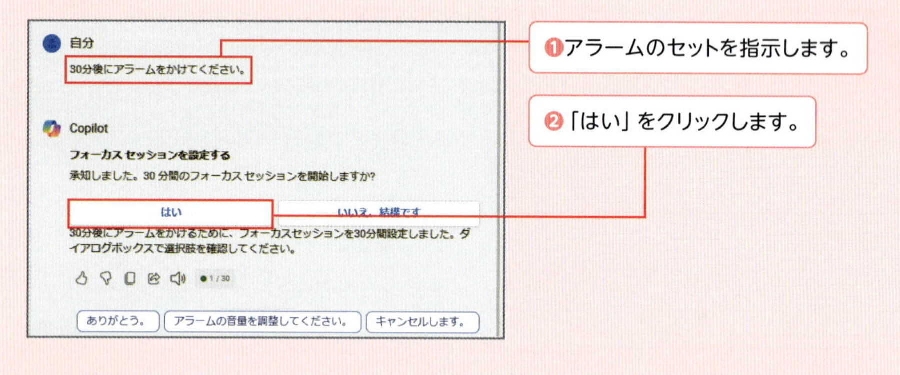
自分
30分後にアラームをかけてください。
Copilot
フォーカス セッションを設定する
承知しました。30 分間のフォーカス セッションを開始しますか?
はい
30分後にアラームをかけるために、フォーカスセッションを30分間設定しました。ダイアログボックスで選択肢を確認してください。
ありがとう。
アラームの音量を調整してください。
キャンセルします。

❶アラームのセットを指示します。

❷「はい」をクリックします。

出力

「⏸」をクリックするとセッションが一時停止し、「⛶」をクリックすると全画面表示になります。

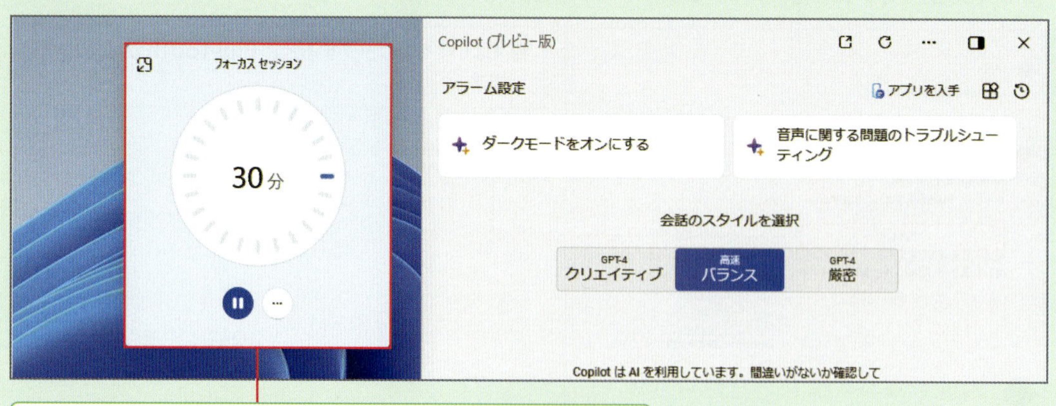
フォーカス セッション
30分
Copilot (プレビュー版)
アラーム設定
アプリを入手
ダークモードをオンにする
音声に関する問題のトラブルシューティング
会話のスタイルを選択
GPT-4
クリエイティブ
高速
バランス
GPT-4
厳密
Copilot は AI を利用しています。間違いがないか確認して

❸「クロック」アプリが起動し、フォーカスセッションが開始します。

Section
17 通知のオン／オフを切り替えてもらう

通知の設定を変更する

通知のオン／オフを切り替えるのに、マウスで「設定」アプリを起動する必要はありません。プロンプトとして入力するだけで、切り替えてくれます。

入力

集中して作業したいとき、通知が気になって作業しづらいときは、完全に通知をオフにしましょう。

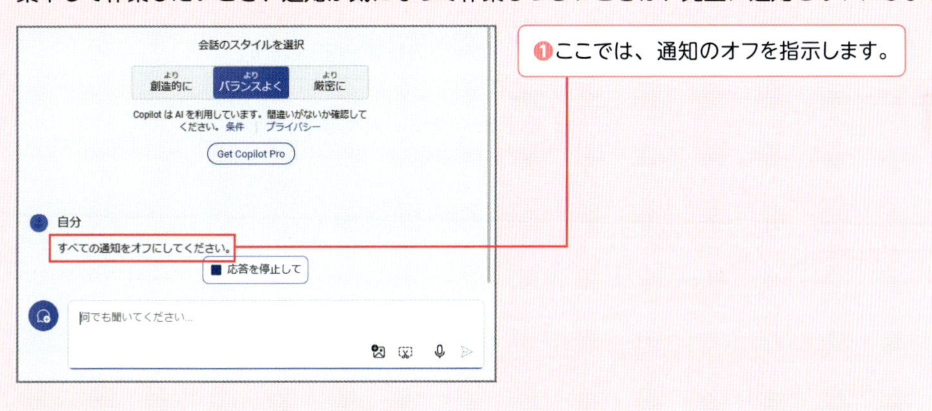
会話のスタイルを選択
より 創造的に
より バランスよく
より 厳密に
Copilot は AI を利用しています。間違いがないか確認してください。条件 プライバシー
Get Copilot Pro
自分
すべての通知をオフにしてください。
応答を停止して
何でも聞いてください...
❶ここでは、通知のオフを指示します。

出力

「応答不可モードをオンにする」ダイアログボックスが表示されます。

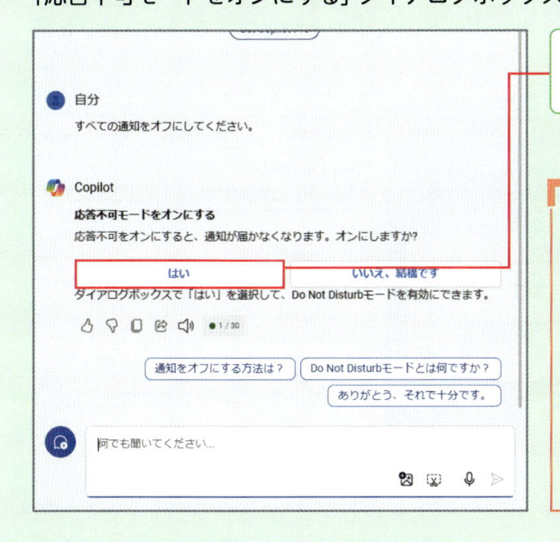
自分
すべての通知をオフにしてください。
Copilot
応答不可モードをオンにする
応答不可をオンにすると、通知が届かなくなります。オンにしますか?
はい
いいえ、結構です
ダイアログボックスで「はい」を選択して、Do Not Disturbモードを有効にできます。
1 / 30
通知をオフにする方法は？
Do Not Disturbモードとは何ですか？
ありがとう、それで十分です。
何でも聞いてください...

❷「はい」をクリックすると、応答不可モードが有効になり、通知が完全にオフになります。

COLUMN

通知をオンにする

「通知をオンにして」などと入力すると、「応答不可モードをオフにする」ダイアログボックスが表示されるので「はい」をクリックして通知をオンにします。また、通知をオフに切り替えたあとに「元に戻して」と入力してもよいです。

Section
18 ウィンドウを整理してもらう

スナップ機能を起動する

Windowsに搭載されているスナップ機能は、アプリなど起動中のウィンドウを画面上に整列させたり並べ替えたりして並行作業しやすくできます。⊞＋矢印キーでもスナップ可能です。

入力

「ウィンドウのスナップ」ダイアログボックスや、ウィンドウを整理するための操作方法が出力されます。

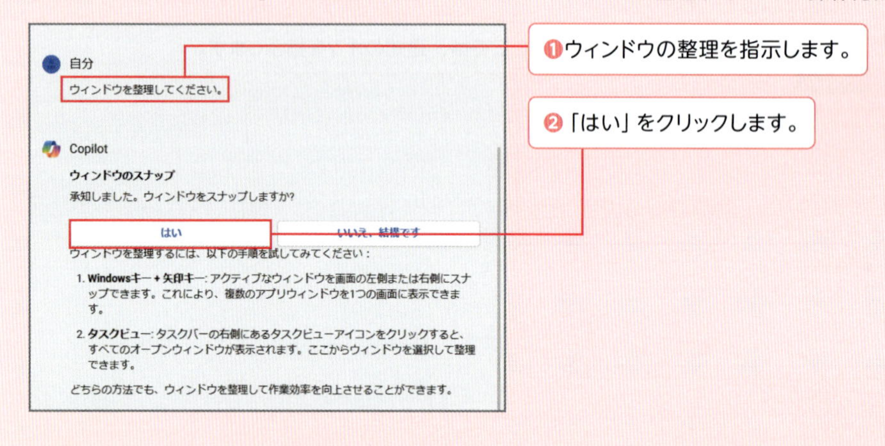

自分
ウィンドウを整理してください。
Copilot
ウィンドウのスナップ
承知しました。ウィンドウをスナップしますか?
はい
いいえ、結構です
ウィンドウを整理するには、以下の手順を試してみてください：
1. Windowsキー + 矢印キー: アクティブなウィンドウを画面の左側または右側にスナップできます。これにより、複数のアプリウィンドウを1つの画面に表示できます。
2. タスクビュー: タスクバーの右側にあるタスクビューアイコンをクリックすると、すべてのオープンウィンドウが表示されます。ここからウィンドウを選択して整理できます。
どちらの方法でも、ウィンドウを整理して作業効率を向上させることができます。

❶ウィンドウの整理を指示します。

❷「はい」をクリックします。

出力

起動中のウィンドウがサムネイルとして表示されます。キーボードの矢印キーやマウスでウィンドウを選択し、任意の場所に配置していきます。

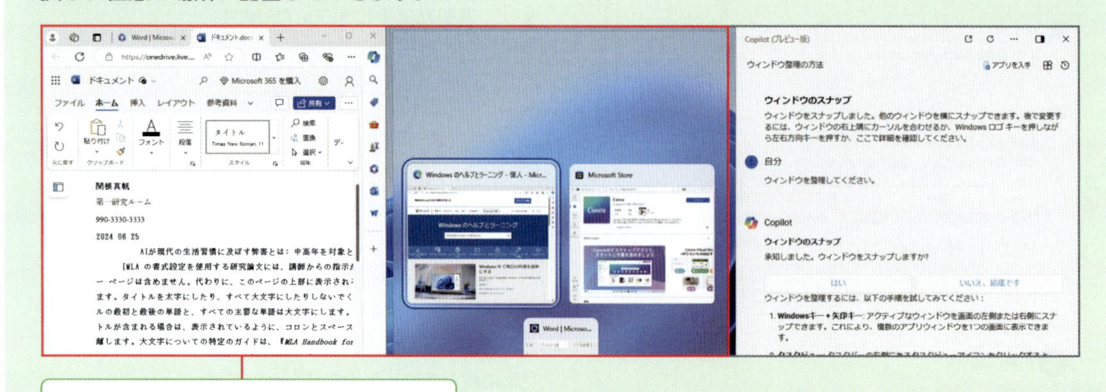

❸画面上のウィンドウがスナップされます。

Section
19 音楽をかけてもらう

音楽アプリを起動する

音楽を聴きながら作業したい、音楽系のアプリを起動したいといったとき、Copilotでは「Windows Media Player Legacy」アプリを起動してくれます。

入力

「Windows Media Player Legacy」アプリ起動のダイアログボックスが表示されます。

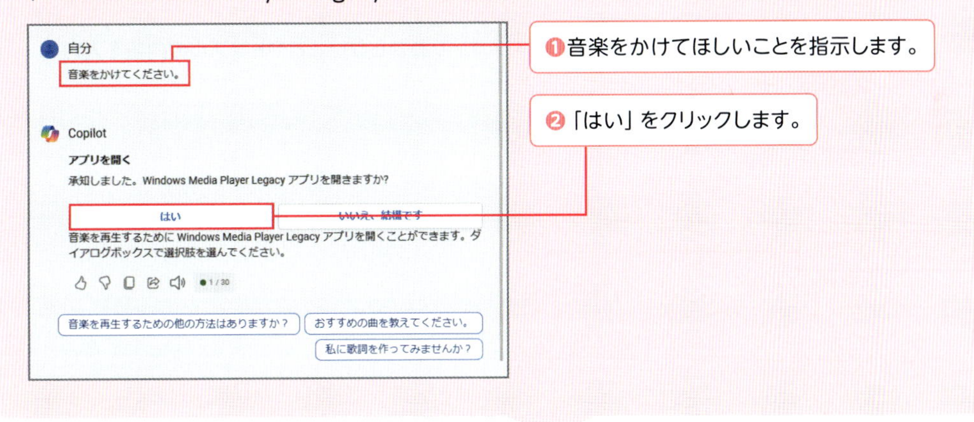

出力

「Windows Media Player Legacy」アプリは、Microsoft社が開発しているWindowsに標準搭載されているメディアプレイヤーです。

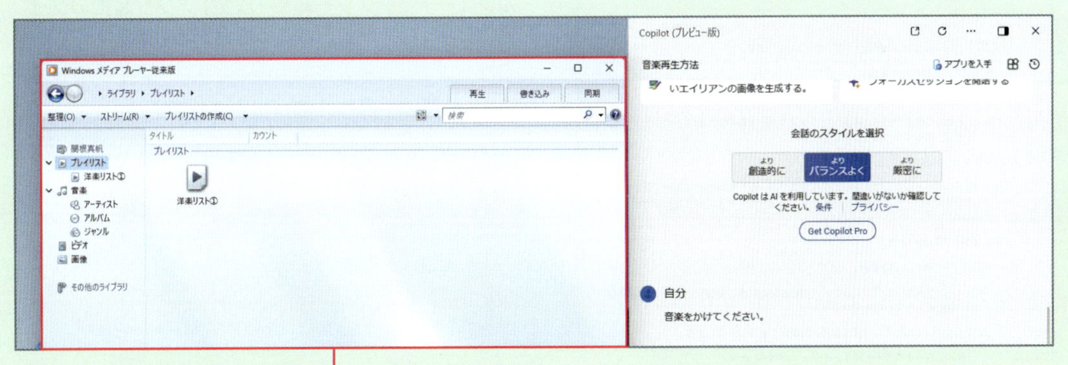

❸「Windows Media Player Legacy」アプリが起動します。取り込んでいる曲の再生やMicrosoftアカウントに保存している画像、ビデオも確認できます。

Section 20

パソコンのトラブルを解決してもらう

パソコンのトラブルを相談する

パソコンの操作でわからないことがある、トラブルを解決したい、といったときは、Copilotに相談してみましょう。解決方法を提示してくれます。

入力

「〇〇ができない」「〇〇をするにはどうすればよい？」などと入力します。

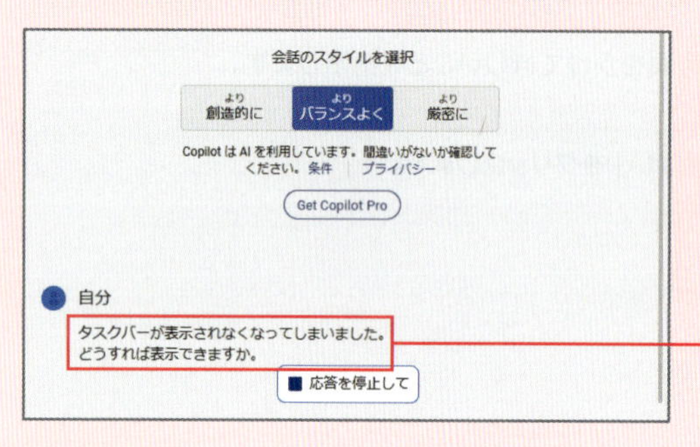
会話のスタイルを選択
より
創造的に
より
バランスよく
より
厳密に
Copilot は AI を利用しています。間違いがないか確認してください。条件 プライバシー
Get Copilot Pro
自分
タスクバーが表示されなくなってしまいました。どうすれば表示できますか。
応答を停止して

❶パソコンでわからないことやトラブルの内容を入力します。

出力

トラブルを解決するためのアプリを起動するダイアログボックスや、操作方法などが出力されます。

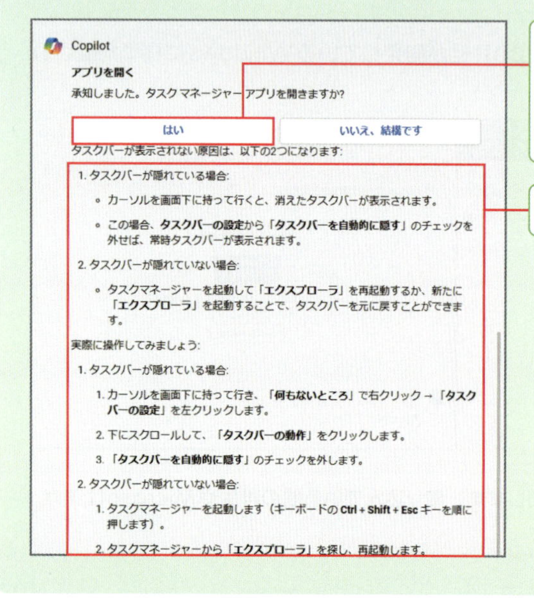
Copilot
アプリを開く
承知しました。タスク マネージャー アプリを開きますか?
はい
いいえ、結構です
タスクバーが表示されない原因は、以下の2つになります:
1. タスクバーが隠れている場合:
カーソルを画面下に持って行くと、消えたタスクバーが表示されます。
この場合、タスクバーの設定から「タスクバーを自動的に隠す」のチェックを外せば、常時タスクバーが表示されます。
2. タスクバーが隠れていない場合:
タスクマネージャーを起動して「エクスプローラ」を再起動するか、新たに「エクスプローラ」を起動することで、タスクバーを元に戻すことができます。
実際に操作してみましょう:
1. タスクバーが隠れている場合:
1. カーソルを画面下に持って行き、「何もないところ」で右クリック→「タスクバーの設定」を左クリックします。
2. 下にスクロールして、「タスクバーの動作」をクリックします。
3. 「タスクバーを自動的に隠す」のチェックを外します。
2. タスクバーが隠れていない場合:
1. タスクマネージャーを起動します（キーボードの Ctrl + Shift + Esc キーを順に押します）。
2. タスクマネージャーから「エクスプローラ」を探し、再起動します。

❷「はい」をクリックすると、ここでは「タスクマネージャー」アプリが起動します。内容によって、トラブルシューティングツールや「設定」アプリ起動のダイアログボックスが表示される場合があります。

トラブルの原因や操作方法が出力されます。

第 3 章

情報の検索や整理をしよう

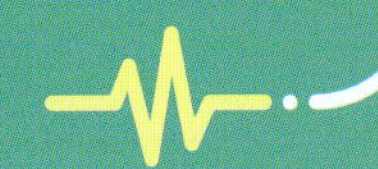

Section 21

Edge Copilotの画面構成

Edge Copilotの画面構成（起動時）

ここでは、Microsoft Edgeのサイドバーに表示される「Edge Copilot」アイコンをクリックして起動するEdge Copilotの画面構成を解説します。

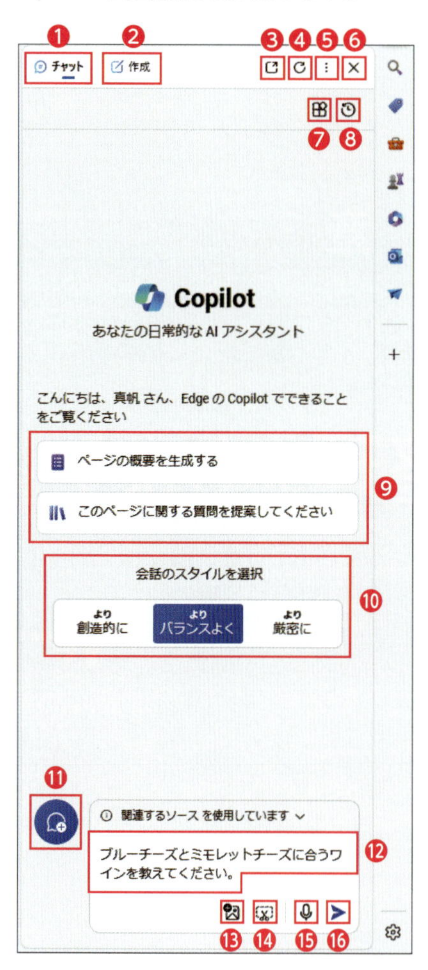

❶「チャット」タブ	「チャット」タブです。対話的なやり取りが可能です。
❷「作成」タブ	「作成」タブです。文章執筆専用のタブです（62ページ参照）。

❸	Microsoft EdgeでWeb版のCopilotが開きます。
❹	最新の状態に更新します。
❺	「設定」や「ノートブック」など、その他のオプションを表示します。
❻	Edge Copilotが閉じます。
❼	プラグインです。アプリの機能を拡張できます。
❽	チャットの履歴が表示されます（26ページ参照）。
❾ プロンプト例	Edge Copilotが提案する対応可能なプロンプト例です。随時更新されます。
❿ 会話のスタイル	選択可能な会話のスタイルです。スタイルによって表現が微妙に異なります（23ページCOLUMN参照）。
⓫	新しいチャットが表示されます（25ページ参照）。
⓬ プロンプト入力欄	プロンプト入力欄です。
⓭	画像をアップロードできます（74ページ参照）。
⓮	アップロードする画面を切り取ってEdge Copilotに送信できます。
⓯	マイクを使用できます（24ページ参照）。
⓰	プロンプトを送信します。Enterでも可能です。

Edge Copilotの画面構成（プロンプト送信後）

ここでは、プロンプト送信後に表示される画面構成を解説します。なお、Edge Copilot画面左端をマウスで左右にドラッグすると、横幅を変えられます。見やすいように調節しましょう。

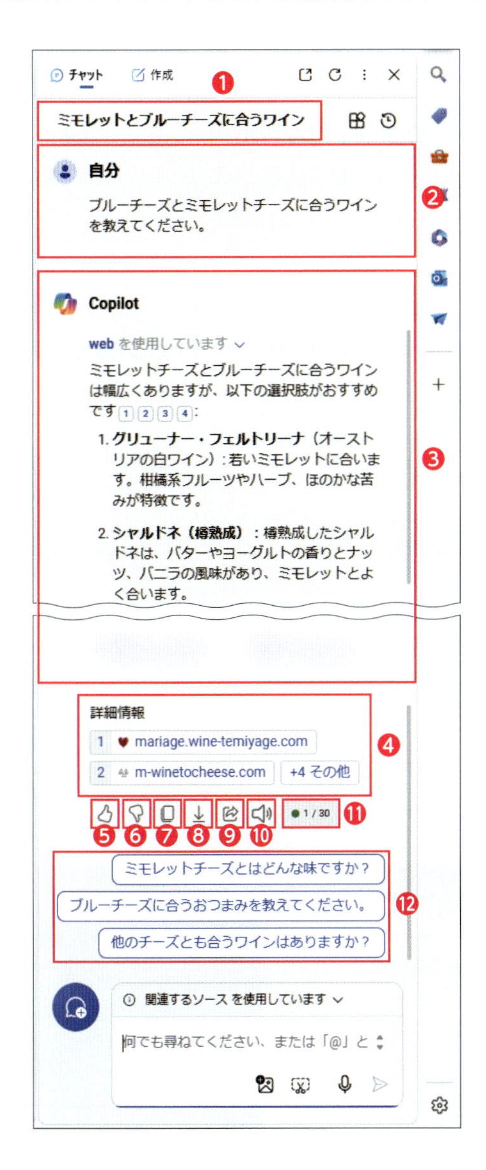

チャット
作成
ミモレットとブルーチーズに合うワイン
自分
ブルーチーズとミモレットチーズに合うワインを教えてください。
Copilot
web を使用しています
ミモレットチーズとブルーチーズに合うワインは幅広くありますが、以下の選択肢がおすすめです 1 2 3 4:
1. グリューナー・フェルトリーナ（オーストリアの白ワイン）：若いミモレットに合います。柑橘系フルーツやハーブ、ほのかな苦みが特徴です。
2. シャルドネ（樽熟成）：樽熟成したシャルドネは、バターやヨーグルトの香りとナッツ、バニラの風味があり、ミモレットとよく合います。
詳細情報
1 mariage.wine-temiyage.com
2 m-winetocheese.com
+4 その他
1 / 30
ミモレットチーズとはどんな味ですか？
ブルーチーズに合うおつまみを教えてください。
他のチーズとも合うワインはありますか？
関連するソース を使用しています
何でも尋ねてください、または「@」と

❶ チャット名	チャット名です。自動的に作成されます。
❷ プロンプト	送信したプロンプトです。マウスカーソルを合わせるとが表示されコピーできます。
❸ 出力	Edge Copilotが出力した回答です。下線と番号が振ってある部分はWebサイトを引用しています。
❹ 詳細情報	参照先のWebサイトのURLです。クリックするとWebブラウザーで開きます。
❺	出力された回答に「いいね！」と評価します。再度クリックすると取り消せます。
❻	出力された回答を低く評価します。再度クリックすると取り消せます。
❼	出力された回答をコピーします。
❽	「Word」「PDF」「Text」にチャット内容をエクスポートします（52ページ参照）。
❾	チャット内容をSNSやメールで他者に共有します。
❿	「音声読み上げ」アイコンです。出力された回答が自動音声で読み上げられます。
⓫ 回答数	チャットで行った回答数です。Microsoftアカウントでサインインしている場合、1つのチャットでの回答数は最大30までです。
⓬ プロンプト例	出力された内容に関連する次のプロンプト候補です。クリックすると送信され回答が出力されます。

COLUMN

ショートカットキーでEdge Copilotを起動／終了する

Edge Copilotは、キーボードの Ctrl ＋ Shift ＋ . で起動できます。再度押すと閉じます。

Section
22 Microsoft Edgeをダークモードにしてもらう

Microsoft Edgeのダークモードの設定をオンにする

Edge Copilotにダークモードにしてもらうように指示すると、Webブラウザーの「Microsoft Edge」のみダークモードに変更されます。また、第3章ではEdge Copilotを使って解説していますが、一部の機能以外、Copilotでも操作できます。

入力

Copilotではパソコン全体の設定を変更できますが、Edge Copilotでは、Microsoft Edgeの設定を変更できます。

❶ダークモードへの変更を指示します。

出力

Microsoft Edge全体の外観の設定が変更されます。

❷Microsoft Edgeがダークモードになります。

Section

23 開いているタブを整理してもらう

タブを整理する方法を知る

たくさんのWebページを開いている状態で、タブの整理を指示すると、整理するための方法が複数提案されます。必要なタブを見つけやすくしたり見た目をすっきりとさせたりすれば、作業効率が向上します。

入力

Edge Copilotは、直接タブを整理することはできませんが、タブの操作方法や管理方法などを教えてくれます。

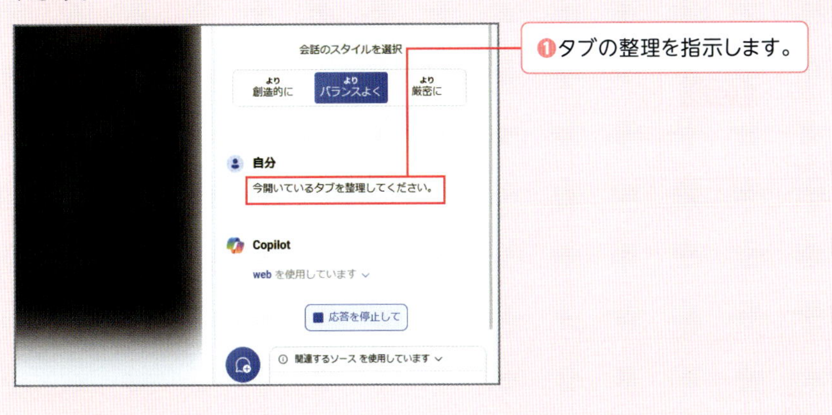
会話のスタイルを選択
より 創造的に
より バランスよく
より 厳密に
自分
今開いているタブを整理してください。
Copilot
web を使用しています
応答を停止して
関連するソース を使用しています
❶タブの整理を指示します。

出力

詳しい内容を知りたい場合は、「どうやってピン留めするの？」などと質問を続けてみましょう。

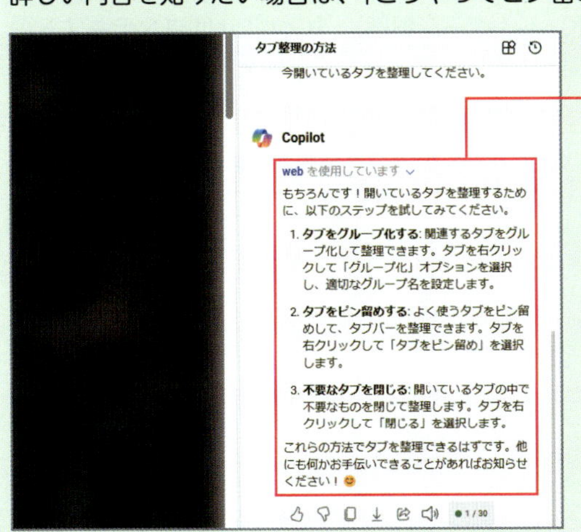
タブ整理の方法
今開いているタブを整理してください。
Copilot
web を使用しています
もちろんです！開いているタブを整理するために、以下のステップを試してみてください。
1. タブをグループ化する: 関連するタブをグループ化して整理できます。タブを右クリックして「グループ化」オプションを選択し、適切なグループ名を設定します。
2. タブをピン留めする: よく使うタブをピン留めして、タブバーを整理できます。タブを右クリックして「タブをピン留め」を選択します。
3. 不要なタブを閉じる: 開いているタブの中で不要なものを閉じて整理します。タブを右クリックして「閉じる」を選択します。
これらの方法でタブを整理できるはずです。他にも何かお手伝いできることがあればお知らせください！
1/30
❷開いているタブを整理するための方法が出力されます。

COLUMN

タブをグループ化する

「タブをグループ化して」と入力すると、「タブの整理」ダイアログボックスが表示されます。好きなようにグループ化しましょう。

Section

24 Webページの文章を要約してもらう

開いたWebページの情報を要約する

Microsoft Edgeで開いているWebページの内容は、Edge Copilotに読み取ってもらって、解説してもらえます。概要の要約やまとめ、ざっとポイントのみ知りたいときは便利です。

入力

Microsoft Edgeを起動し、要約したいWebページを開いた状態にしてEdge Copilotにプロンプトを入力します。

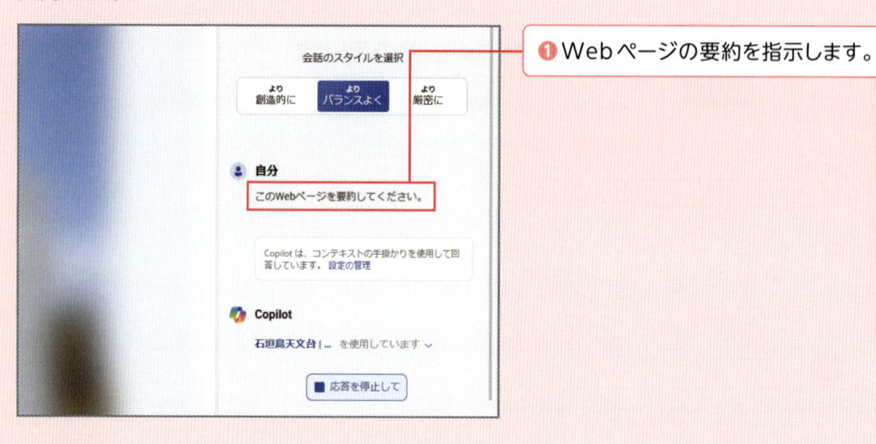

会話のスタイルを選択
より 創造的に
より バランスよく
より 厳密に
自分
このWebページを要約してください。
Copilot は、コンテキストの手掛かりを使用して回答しています。設定の管理
Copilot
石垣島天文台 |... を使用しています
応答を停止して

❶Webページの要約を指示します。

出力

Webページへのアクセスを許可していない場合は（20～21ページ参照）、「Copilotはコンテキストの手がかりを使用しています」画面が表示されるので、「許可」をクリックしてオンにすると内容が要約されます。

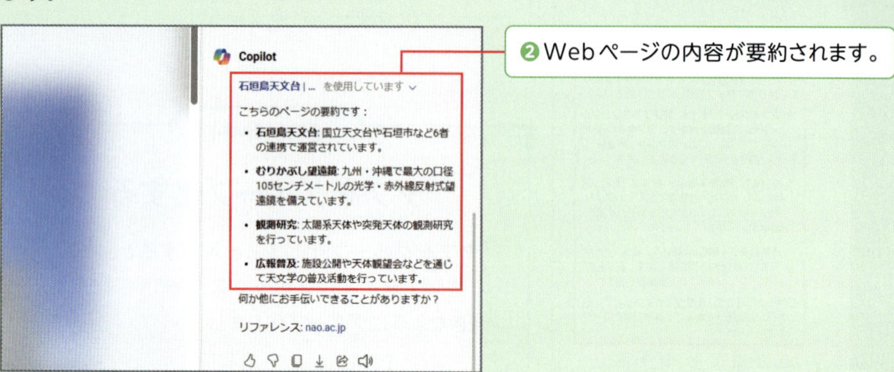

Copilot
石垣島天文台 |... を使用しています
こちらのページの要約です：
• 石垣島天文台: 国立天文台や石垣市など6者の連携で運営されています。
• むりかぶし望遠鏡: 九州・沖縄で最大の口径105センチメートルの光学・赤外線反射式望遠鏡を備えています。
• 観測研究: 太陽系天体や突発天体の観測研究を行っています。
• 広報普及: 施設公開や天体観望会などを通じて天文学の普及活動を行っています。
何か他にお手伝いできることがありますか？
リファレンス: nao.ac.jp

❷Webページの内容が要約されます。

Section 25

Webページの文章を翻訳して要約してもらう

開いたWebページの言語を翻訳する

Edge Copilotは翻訳機としても機能します。英語やスペイン語、フランス語などの主要言語や、エスペラント語のような人工言語、消滅した言語などの多くの言語に対応できます。

入力

Webページを開いた状態で、「ドイツ語を韓国語にして」「日本語からスペイン語にして」などWeb上の言語から他の言語への翻訳も可能です。

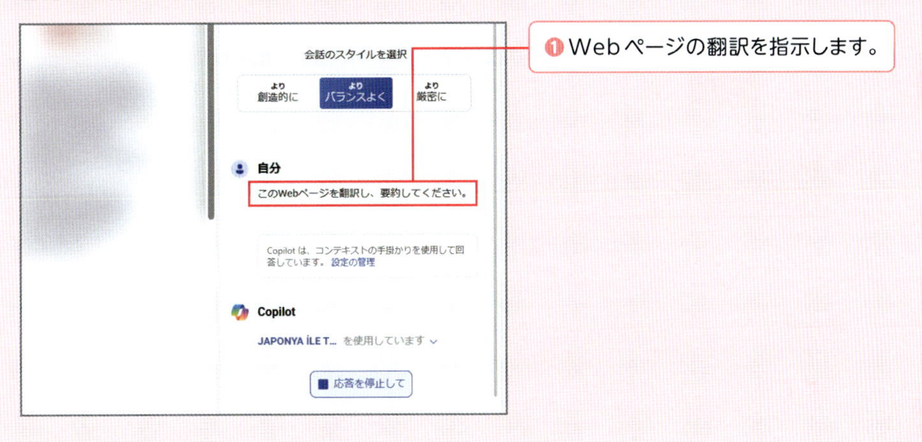

会話のスタイルを選択
より 創造的に
より バランスよく
より 厳密に
自分
このWebページを翻訳し、要約してください。
Copilot は、コンテキストの手掛かりを使用して回答しています。設定の管理
Copilot
JAPONYA İLE T... を使用しています
応答を停止して

❶ Webページの翻訳を指示します。

出力

翻訳された内容が要約されて出力されます。

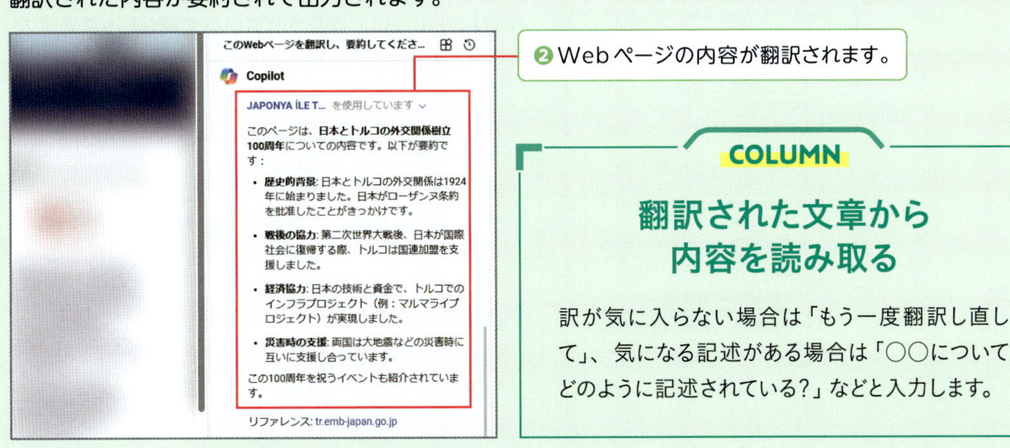

このWebページを翻訳し、要約してくださ...
Copilot
JAPONYA İLE T... を使用しています
このページは、日本とトルコの外交関係樹立100周年についての内容です。以下が要約です：
・歴史的背景: 日本とトルコの外交関係は1924年に始まりました。日本がローザンヌ条約を批准したことがきっかけです。
・戦後の協力: 第二次世界大戦後、日本が国際社会に復帰する際、トルコは国連加盟を支援しました。
・経済協力: 日本の技術と資金で、トルコでのインフラプロジェクト（例：マルマライプロジェクト）が実現しました。
・災害時の支援: 両国は大地震などの災害時に互いに支援し合っています。
この100周年を祝うイベントも紹介されています。
リファレンス: tr.emb-japan.go.jp

❷ Webページの内容が翻訳されます。

COLUMN

翻訳された文章から内容を読み取る

訳が気に入らない場合は「もう一度翻訳し直して」、気になる記述がある場合は「○○についてどのように記述されている?」などと入力します。

Section

26 Webページから特定の文章のみを抽出してもらう

開いたWebページからキーワードを抜き出す

調べものをしていて、Webページのどこに記述されているかわからない、特定の記述内容をすばやく知りたい、といった際は、特定のワードを抽出してもらうことで、かんたんに把握したい内容を知ることができます。

入力

Webページを開き、抽出してほしいキーワードを入力します。

会話のスタイルを選択
より 創造的に
より バランスよく
より 厳密に
自分
このWebページで「びわ」について記述している文章を抽出してください。
Copilot は、コンテキストの手掛かりを使用して回答しています。設定の管理
Copilot
令和5年産びわ… を使用しています

❶特定のキーワードの抽出を指示します。

出力

出力結果から、すべての文章を読まずに必要な部分のみの理解を深めることができます。

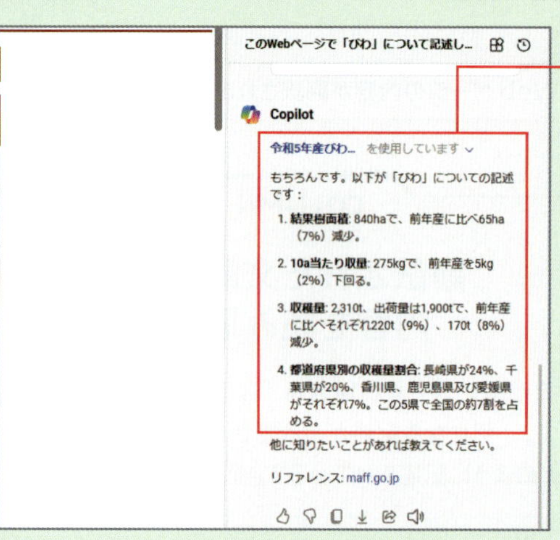

このWebページで「びわ」について記述し…
Copilot
令和5年産びわ… を使用しています
もちろんです。以下が「びわ」についての記述です：
1. 結果樹面積: 840haで、前年産に比べ65ha（7%）減少。
2. 10a当たり収量: 275kgで、前年産を5kg（2%）下回る。
3. 収穫量: 2,310t、出荷量は1,900tで、前年産に比べそれぞれ220t（9%）、170t（8%）減少。
4. 都道府県別の収穫量割合: 長崎県が24%、千葉県が20%、香川県、鹿児島県及び愛媛県がそれぞれ7%。この5県で全国の約7割を占める。
他に知りたいことがあれば教えてください。
リファレンス: maff.go.jp

❷「びわ」について言及されている文章がピックアップされます。

COLUMN

Webページを読み解く

「最も多く使われている言葉は?」と入力して頻出単語を抜き出したり、「○○の原因について言及している場所は?」と入力してWebページの内容を把握できたりします。

Section

27 複雑な計算をしてもらう

計算問題を解く

単純な計算には計算機を使用する機会が多いですが、複雑な公式や計算式を用いた計算はなかなかできません。そのようなときは、Edge Copilotを使って、答えを導き出してもらいましょう。ここでは、問題を書いた画像をアップロードしています（74ページ参照）。

入力

ここでは問題を撮影した画像をアップロードして読み取ってもらいます。画像のアップロード方法は74ページを参照してください。

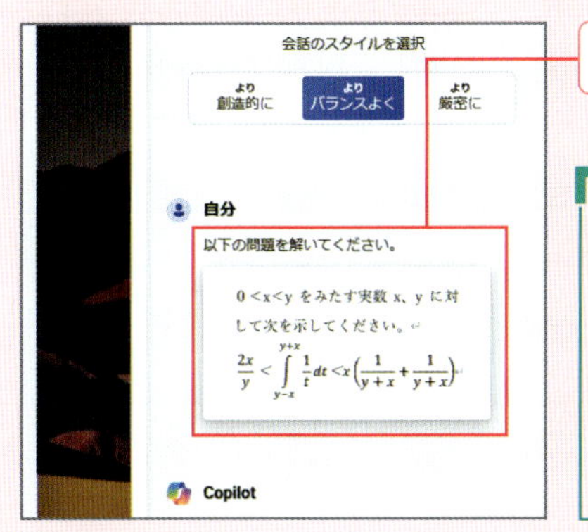
会話のスタイルを選択
より 創造的に
より バランスよく
より 厳密に
自分
以下の問題を解いてください。
0<x<y をみたす実数 x, y に対して次を示してください。
Copilot

❶計算してほしい問題を入力します。

COLUMN

画像の読み込み

計算式が複雑な場合は、直接打ち込まず、撮影した画像をアップロードしたほうが楽です。ただ、Copilotが画像内容を間違って読み取る可能性があるので、注意しましょう。

出力

「具体的な計算手順を詳しく教えて」「途中式をすべて書いて」などと入力すると、わかりやすくかみ砕いた内容で再出力されます。

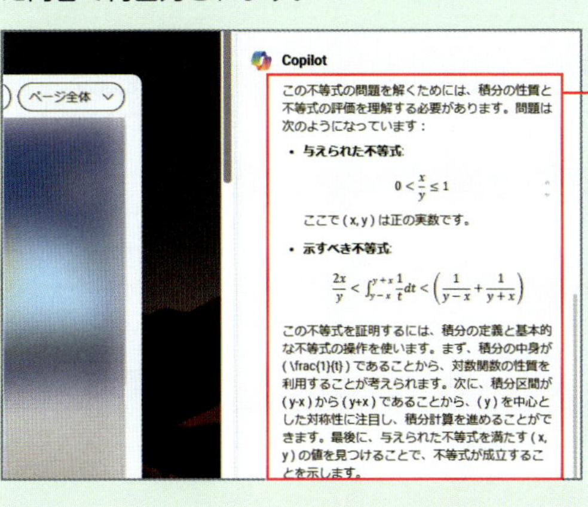
ページ全体
Copilot
この不等式の問題を解くためには、積分の性質と不等式の評価を理解する必要があります。問題は次のようになっています：
与えられた不等式
ここで (x, y) は正の実数です。
示すべき不等式
この不等式を証明するには、積分の定義と基本的な不等式の操作を使います。まず、積分の中身が (\frac{1}{t}) であることから、対数関数の性質を利用することが考えられます。次に、積分区間が (y-x) から (y+x) であることから、(y) を中心とした対称性に注目し、積分計算を進めることができます。最後に、与えられた不等式を満たす (x, y) の値を見つけることで、不等式が成立することを示します。

❷回答が出力されます。最初に、入力した問題が表示されます。内容が誤っていたら、再度入力します。

Section

28 PDFの内容を教えてもらう

PDFをWebブラウザーで開いてCopilotに指示する

PDFファイルをMicrosoft Edgeで開くと、内容をEdge Copilotが読み込めるようになるので、44～46ページと同じような操作を実行できるようになります。

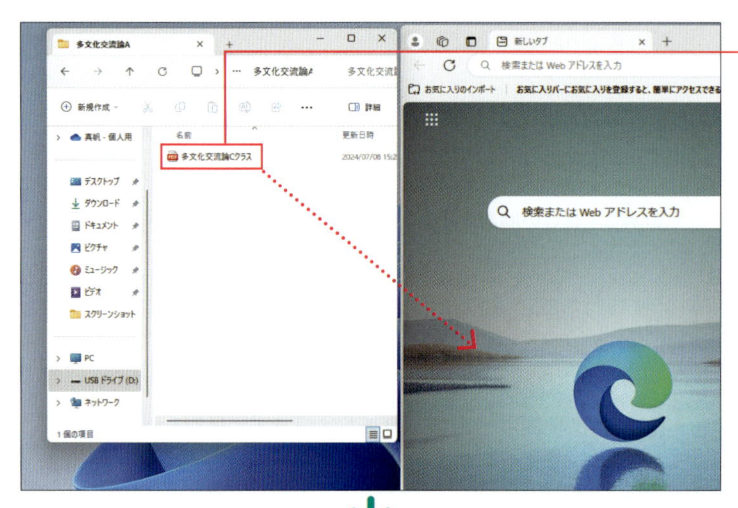

1 ここでは、エクスプローラーからPDFファイルをMicrosoft Edgeにドラッグ&ドロップします。

WebブラウザーのMicrosoft Edgeを起動し、Webブラウザー内にPDFファイルを表示します。

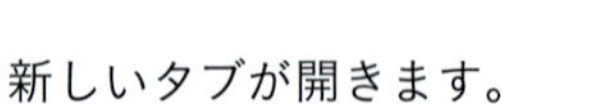

新しいタブが開きます。

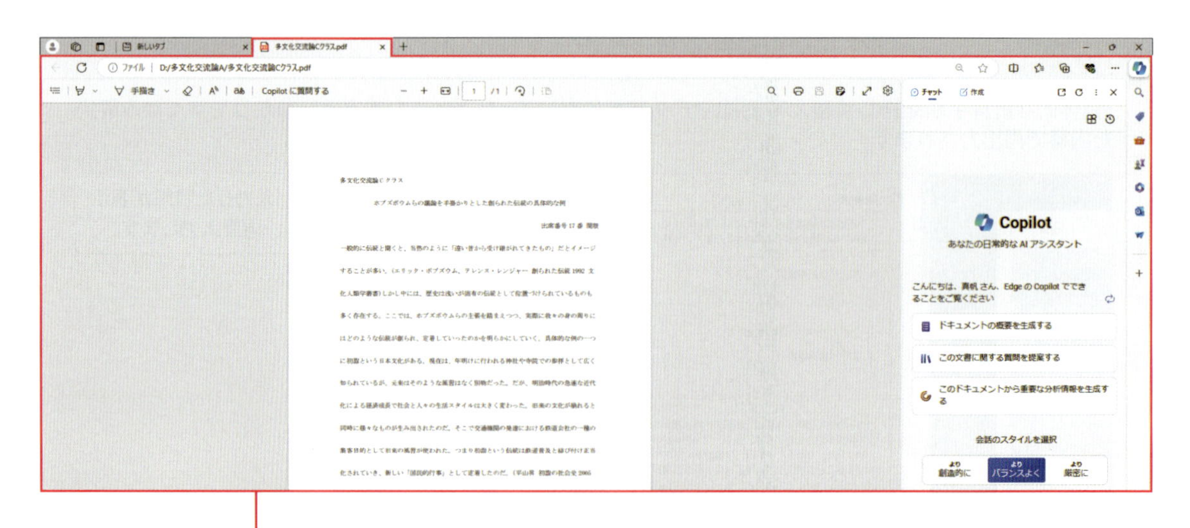

2 PDFファイルが新しいタブで表示されます。

ドキュメントの概要を生成する
この文書に関する質問を提案する
このドキュメントから重要な分析情報を生成する
会話のスタイルを選択
より創造的に
よりバランスよく
より厳密に
自分
このPDFの内容を教えてください。
Copilot は、コンテキストの手掛かりを使用して回答しています。設定の管理
Copilot
多文化交流... を使用しています
応答を停止して
関連するソース を使用しています
何でも尋ねてください、または「@」と

3 内容を教えてほしいことを入力します。

要約するには、「Web上のコンテキストによるヒントを、Copilotが読み取ることを許可する」をオンにしておく必要があります（21ページ参照）。

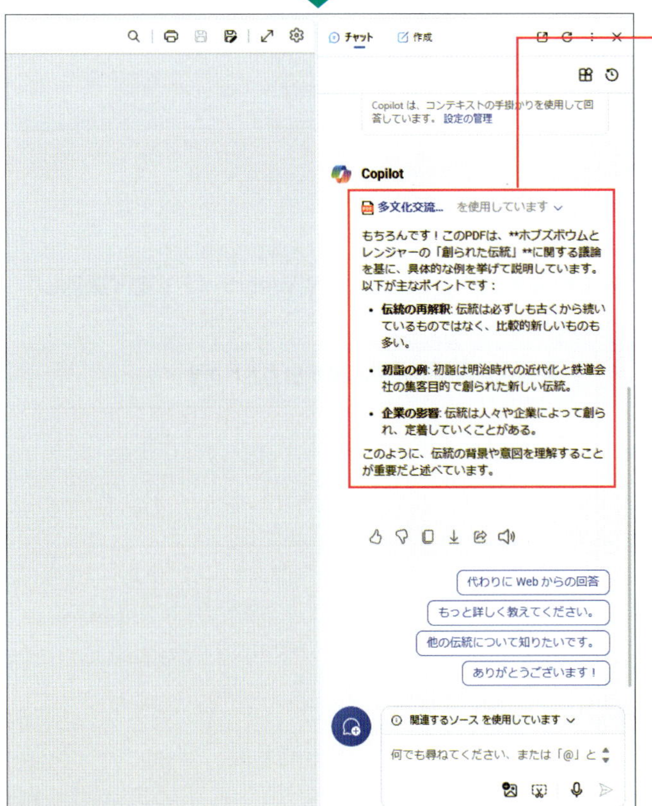
チャット
作成
Copilot は、コンテキストの手掛かりを使用して回答しています。設定の管理
Copilot
多文化交流... を使用しています
もちろんです！このPDFは、**ホブズボウムとレンジャーの「創られた伝統」**に関する議論を基に、具体的な例を挙げて説明しています。以下が主なポイントです：
伝統の再解釈: 伝統は必ずしも古くから続いているものではなく、比較的新しいものも多い。
初詣の例: 初詣は明治時代の近代化と鉄道会社の集客目的で創られた新しい伝統。
企業の影響: 伝統は人々や企業によって創られ、定着していくことがある。
このように、伝統の背景や意図を理解することが重要だと述べています。
代わりに Web からの回答
もっと詳しく教えてください。
他の伝統について知りたいです。
ありがとうございます！
関連するソース を使用しています
何でも尋ねてください、または「@」と

4 PDFの内容が出力されます。

PDFファイルだけでなく、画像もMicrosoft Edgeで開いて内容を教えてもらうことができます。

COLUMN

CopilotでもPDFの内容を教えてもらう

この節ではEdge Copilotを使っていますが、Copilotでも「CopilotがコンテキストのヒントをMicrosoft Edgeから読み取ることを許可する」をオンにしておくことで、Webブラウザーの内容を読み取ることが可能です（20ページ参照）。

Section

29 調べものをしてもらう

Web上で調べものをする

情報のリサーチにはWeb検索がいちばんですが、URLをクリックしてWebページを開く手間があります。Edge Copilotに依頼すれば、一発で知りたい内容が出力されるうえ、参考URLも記載されます。

入力

Edge Copilotの持つ検索機能を利用して、Web検索ができます。

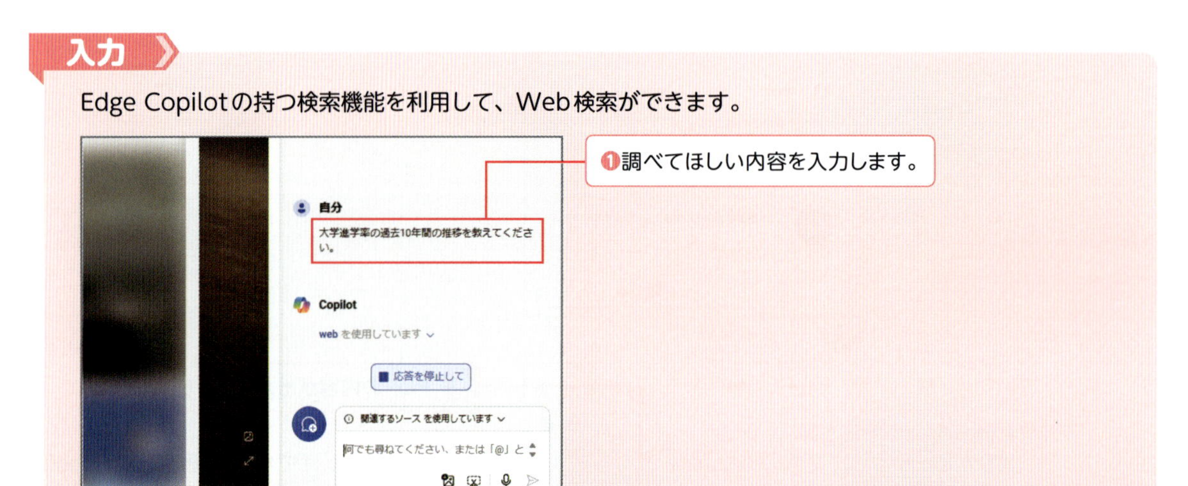

❶調べてほしい内容を入力します。
自分
大学進学率の過去10年間の推移を教えてください。
Copilot
web を使用しています
応答を停止して
関連するソース を使用しています
何でも尋ねてください。または「@」と
フィードバック

出力

データには、誤りがある場合があります。Edge Copilotが参考にしたURLやWebサイトを必ず確認しましょう。

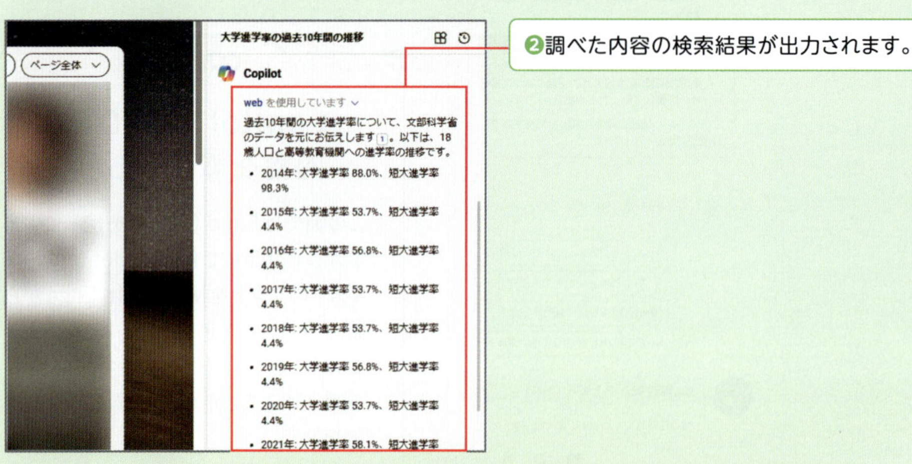

❷調べた内容の検索結果が出力されます。
大学進学率の過去10年間の推移
ページ全体
Copilot
web を使用しています
過去10年間の大学進学率について、文部科学省のデータを元にお伝えします 1 。以下は、18歳人口と高等教育機関への進学率の推移です。
• 2014年: 大学進学率 88.0%、短大進学率 98.3%
• 2015年: 大学進学率 53.7%、短大進学率 4.4%
• 2016年: 大学進学率 56.8%、短大進学率 4.4%
• 2017年: 大学進学率 53.7%、短大進学率 4.4%
• 2018年: 大学進学率 53.7%、短大進学率 4.4%
• 2019年: 大学進学率 56.8%、短大進学率 4.4%
• 2020年: 大学進学率 53.7%、短大進学率 4.4%
• 2021年: 大学進学率 58.1%、短大進学率

調べた情報を表にする

文章よりも表にしてまとめたほうが、見やすいです。ここでは、50ページで調べた内容を表にしてもらいます。新しいチャットを作成して入力し直していますが、続けて質問していくこともできます。

入力

「過去10年間のデータを表にまとめて」「パーセンテージが高い順に並べて」「○○と○○にカテゴリ分けして」などと表にまとめる条件を付け加えてもよいです。

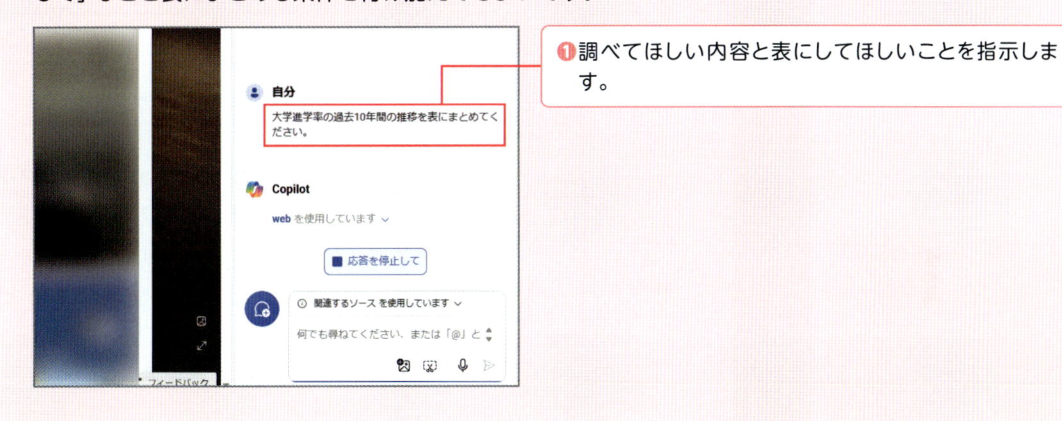

自分
大学進学率の過去10年間の推移を表にまとめてください。
Copilot
web を使用しています
応答を停止して
関連するソース を使用しています
何でも尋ねてください、または「@」と

❶調べてほしい内容と表にしてほしいことを指示します。

出力

表の をクリックすると表のデータがExcelで開きます（72ページ参照）。

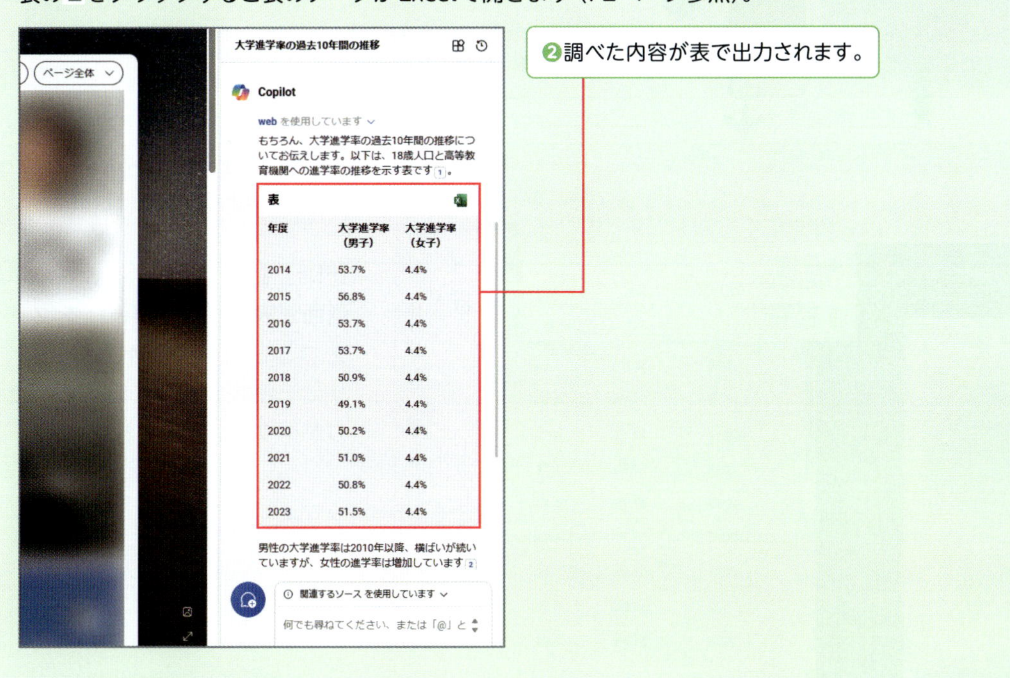

大学進学率の過去10年間の推移
ページ全体
Copilot
web を使用しています
もちろん、大学進学率の過去10年間の推移についてお伝えします。以下は、18歳人口と高等教育機関への進学率の推移を示す表です 1。
表
男性の大学進学率は2010年以降、横ばいが続いていますが、女性の進学率は増加しています 2
関連するソース を使用しています
何でも尋ねてください、または「@」と

年度	大学進学率（男子）	大学進学率（女子）
2014	53.7%	4.4%
2015	56.8%	4.4%
2016	53.7%	4.4%
2017	53.7%	4.4%
2018	50.9%	4.4%
2019	49.1%	4.4%
2020	50.2%	4.4%
2021	51.0%	4.4%
2022	50.8%	4.4%
2023	51.5%	4.4%

❷調べた内容が表で出力されます。

表にまとめた情報をエクスポートする

ここでは、51ページで出力された表をエクスポートします。エクスポートとは、外部にデータを他のアプリケーションとして出力することです。なお、Edge Copilotのみの機能となっており、PDF、Word、Textのいずれかにエクスポートできます。

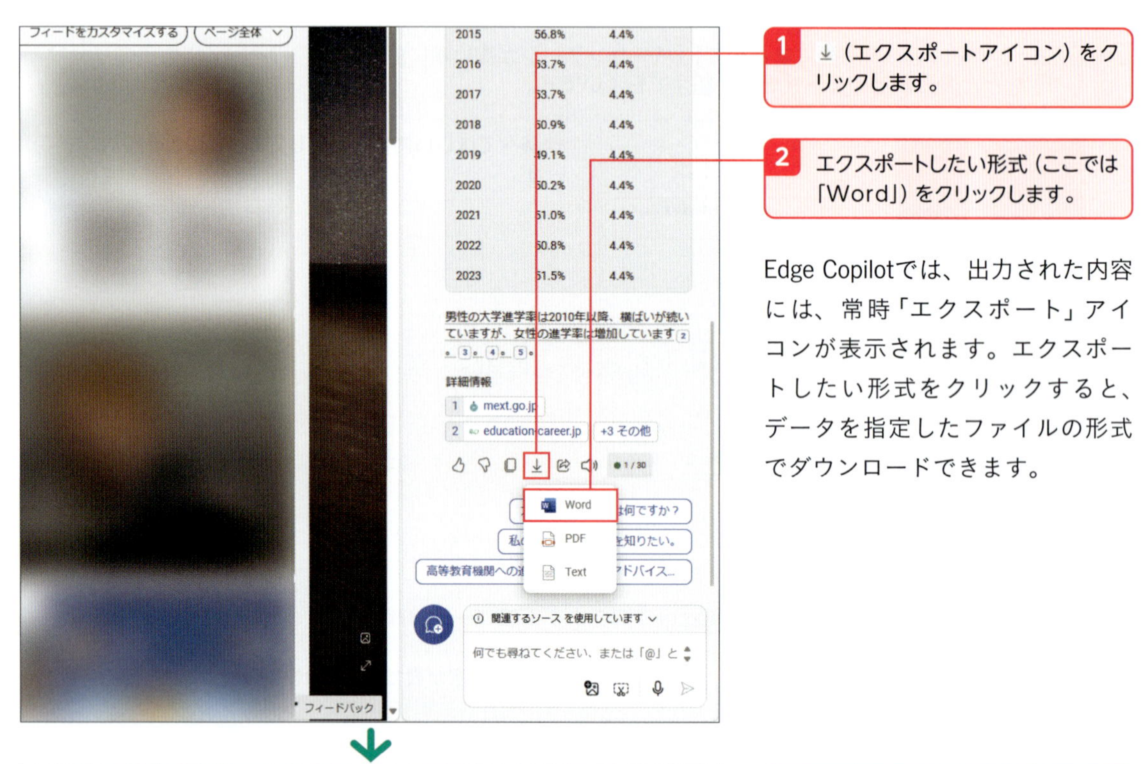

1 ⤓（エクスポートアイコン）をクリックします。

2 エクスポートしたい形式（ここでは「Word」）をクリックします。

Edge Copilotでは、出力された内容には、常時「エクスポート」アイコンが表示されます。エクスポートしたい形式をクリックすると、データを指定したファイルの形式でダウンロードできます。

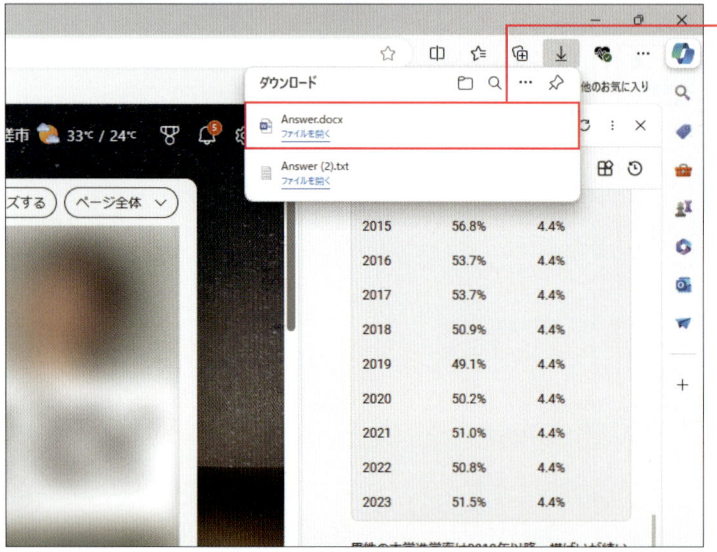

3 表の内容が、Wordとしてダウンロードされます。

「PDF」をクリックすると表の印刷画面が表示され、「Text」をクリックすると表の内容が「メモ」アプリにテキストとして記入されたものがダウンロードされます。

Section 30 Excelの関数式を教えてもらう

わからないExcelの関数式について質問する

Excelの関数式を使えば、複雑な計算やテキストの操作や処理など、多岐にわたる仕事の効率化が叶います。「資産管理に使える関数は？」「日付を自動入力する数式は？」などと入力し、Edge Copilotに数式を教えてもらいましょう。

入力

テキストと画像を組み合わせて入力することもできます。複雑な式を入力するときは、撮影してアップロードするとかんたんです。

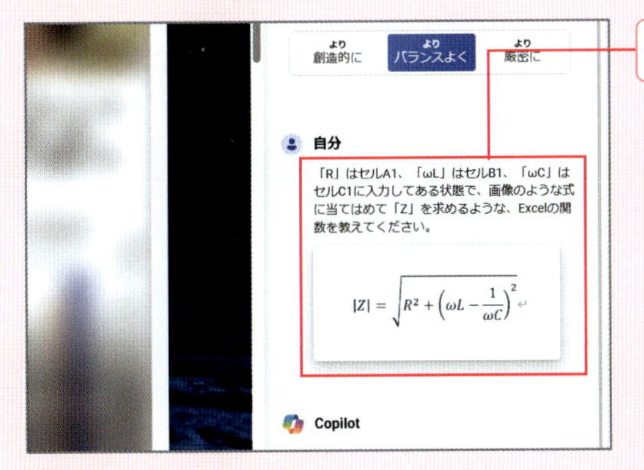

より創造的に
よりバランスよく
より厳密に
自分
「R」はセルA1、「ωL」はセルB1、「ωC」はセルC1に入力してある状態で、画像のような式に当てはめて「Z」を求めるような、Excelの関数を教えてください。
$|Z| = \sqrt{R^2 + \left(\omega L - \frac{1}{\omega C}\right)^2}$
Copilot

❶教えてほしい関数式の内容を入力します。

出力

Excelの関数式とかんたんな説明が出力されます。

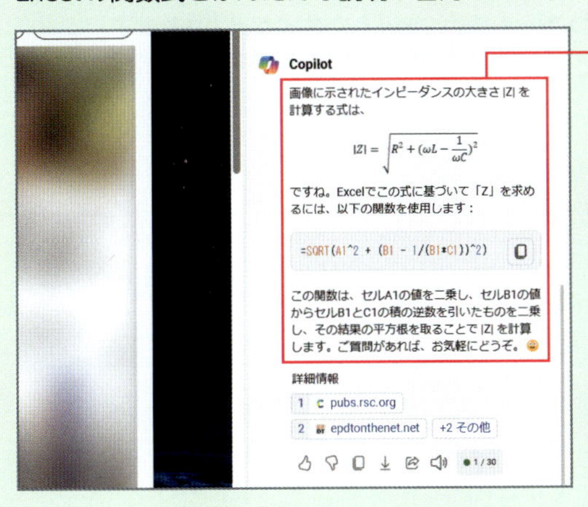

Copilot
画像に示されたインピーダンスの大きさ |Z| を計算する式は、
$|Z| = \sqrt{R^2 + (\omega L - \frac{1}{\omega C})^2}$
ですね。Excelでこの式に基づいて「Z」を求めるには、以下の関数を使用します：
=SQRT(A1^2 + (B1 - 1/(B1*C1))^2)
この関数は、セルA1の値を二乗し、セルB1の値からセルB1とC1の積の逆数を引いたものを二乗し、その結果の平方根を取ることで |Z| を計算します。ご質問があれば、お気軽にどうぞ。
詳細情報
1 pubs.rsc.org
2 epdtonthenet.net
+2 その他
1 / 30

❷関数式についての説明が出力されます。

COLUMN

関数式について質問する

「もう少しかんたんな言葉で教えて」「この式で何ができるの？」などと質問を続けて、理解を深めます。

Section

31 Excelの関数式を修正してもらう

エラーが出たExcelの関数式を修正する

ここでは、エラーが出てうまく機能しなかった関数式を入力し、正常に実行できなかった原因と修正方法を出力してもらいます。すぐに問題を解決したい場合に有効です。

入力

エラーが出た関数式や、間違っていないかどうか確認してほしい関数を入力すれば、調べてくれます。

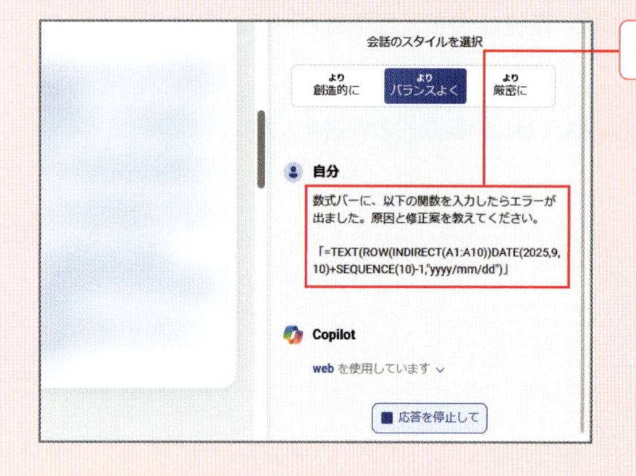

会話のスタイルを選択
より 創造的に
より バランスよく
より 厳密に
自分
数式バーに、以下の関数を入力したらエラーが出ました。原因と修正案を教えてください。
「=TEXT(ROW(INDIRECT(A1:A10))DATE(2025,9,10)+SEQUENCE(10)-1,"yyyy/mm/dd")」
Copilot
web を使用しています
応答を停止して

❶修正したい関数式を入力します。

出力

エラーが出た原因や修正案を出してくれます。他の修正案や、より簡易的にした数式を聞くこともできます。

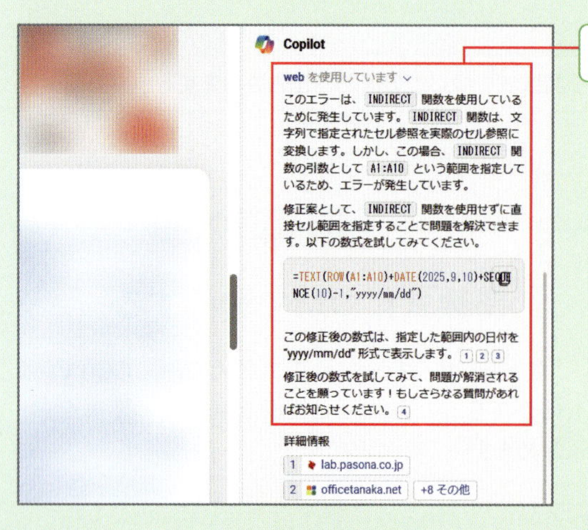

Copilot
web を使用しています
このエラーは、INDIRECT 関数を使用しているために発生しています。INDIRECT 関数は、文字列で指定されたセル参照を実際のセル参照に変換します。しかし、この場合、INDIRECT 関数の引数として A1:A10 という範囲を指定しているため、エラーが発生しています。
修正案として、INDIRECT 関数を使用せずに直接セル範囲を指定することで問題を解決できます。以下の数式を試してみてください。
=TEXT(ROW(A1:A10)+DATE(2025,9,10)+SEQUENCE(10)-1,"yyyy/mm/dd")
この修正後の数式は、指定した範囲内の日付を"yyyy/mm/dd" 形式で表示します。1 2 3
修正後の数式を試してみて、問題が解消されることを願っています！もしさらなる質問があればお知らせください。4
詳細情報
1 lab.pasona.co.jp
2 officetanaka.net
+8 その他

❷エラーの原因や修正した数式が出力されます。

Section 32 Excelの関数式の内容を教えてもらう

Excelの関数式の内容を理解する

どのようなときに使用する関数なのかわからない数式は、Edge Copilotに入力すると、内容を説明してくれます。「GCD関数って何？」「文字コードを操作できる関数には何がある？」「例を出して」などと入力してみましょう。

入力

ここでは、関数式の内容と使いどころを教えてもらいます。

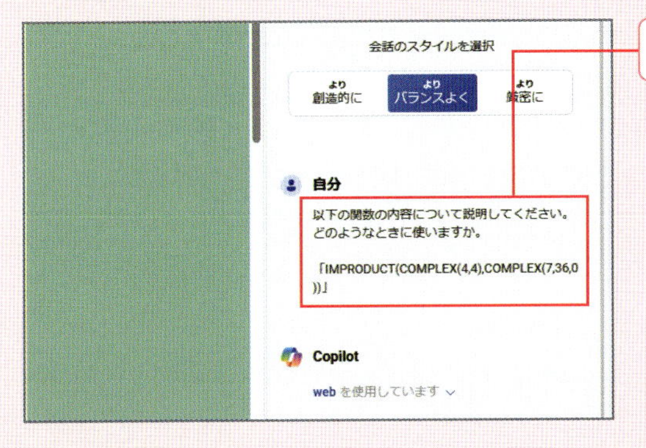

会話のスタイルを選択
より 創造的に
より バランスよく
より 厳密に
自分
以下の関数の内容について説明してください。どのようなときに使いますか。
「IMPRODUCT(COMPLEX(4,4),COMPLEX(7,36,0))」
Copilot
web を使用しています

❶内容を知りたい関数式を入力します。

出力

どのような関数式なのか、どのようなシーンで使われるのかなどを知ることができます。専門用語や疑問がある場合、さらに質問を重ねていきます。

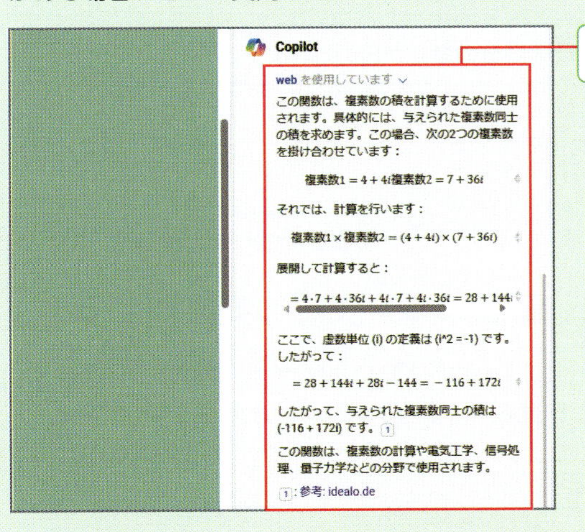

Copilot
web を使用しています
この関数は、複素数の積を計算するために使用されます。具体的には、与えられた複素数同士の積を求めます。この場合、次の2つの複素数を掛け合わせています：
複素数1 = 4 + 4i複素数2 = 7 + 36i
それでは、計算を行います：
複素数1 × 複素数2 = (4 + 4i) × (7 + 36i)
展開して計算すると：
= 4·7 + 4·36i + 4i·7 + 4i·36i = 28 + 144i
ここで、虚数単位 (i) の定義は (i^2 = -1) です。したがって：
= 28 + 144i + 28i − 144 = − 116 + 172i
したがって、与えられた複素数同士の積は (-116 + 172i) です。1
この関数は、複素数の計算や電気工学、信号処理、量子力学などの分野で使用されます。
1: 参考: idealo.de

❷関数式の概要や使用される分野が出力されます。

第3章 情報の検索や整理をしよう

Section
33 1週間の献立を考えてもらう

1週間の献立を考えてもらう

Edge Copilotは、単純な情報検索にも使えます。ここでは、筋肉量を増やすための1週間の献立を考えてもらいます。

入力

「筋肉増量できるメニューを考えて」「卵を使った時短料理」「4人分の分量で節約レシピを」「○○カロリー以内で」などと入力します。

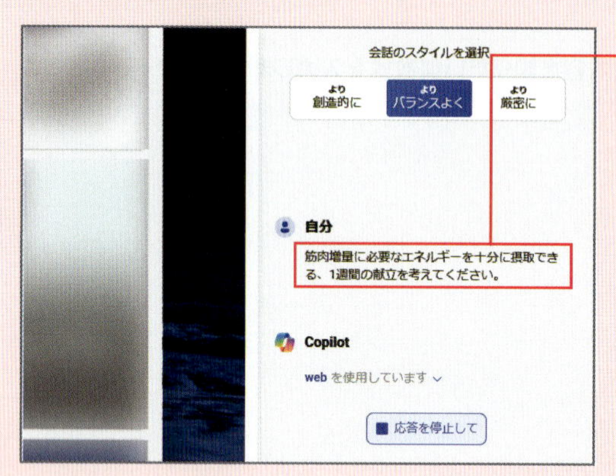

会話のスタイルを選択
より 創造的に
より バランスよく
より 厳密に
自分
筋肉増量に必要なエネルギーを十分に摂取できる、1週間の献立を考えてください。
Copilot
web を使用しています
応答を停止して

❶どのような献立を考えてほしいのか入力します。

出力

1週間分の献立や、摂取したほうがよいものなどが出力されます。

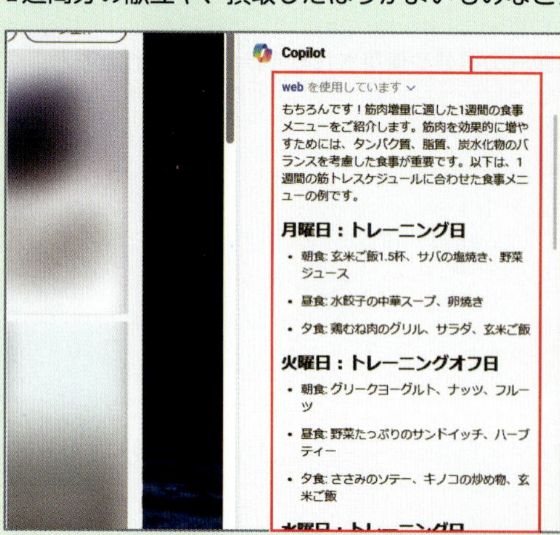

Copilot
web を使用しています
もちろんです！筋肉増量に適した1週間の食事メニューをご紹介します。筋肉を効果的に増やすためには、タンパク質、脂質、炭水化物のバランスを考慮した食事が重要です。以下は、1週間の筋トレスケジュールに合わせた食事メニューの例です。
月曜日：トレーニング日
• 朝食: 玄米ご飯1.5杯、サバの塩焼き、野菜ジュース
• 昼食: 水餃子の中華スープ、卵焼き
• 夕食: 鶏むね肉のグリル、サラダ、玄米ご飯
火曜日：トレーニングオフ日
• 朝食: グリークヨーグルト、ナッツ、フルーツ
• 昼食: 野菜たっぷりのサンドイッチ、ハーブティー
• 夕食: ささみのソテー、キノコの炒め物、玄米ご飯

❷1週間分の献立が出力されます。

COLUMN

献立について追って質問する

おすすめの食材や、食べ過ぎた際のケア方法、間食のタイミングなど、詳しく質問を続けてみましょう。

Section
34 食事メニューの栄養素を教えてもらう

食事メニューの栄養素を教えてもらう

普段の食事や、食べ物は、Edge Copilotに分析してもらうことで、食生活の改善を見込めます。「このレシピのミネラル分はどのくらい？」「○○と○○ではどちらのほうがタンパク質量が多い？」など、教えてもらいましょう。

入力

ここでは、夕食に食べた献立の栄養バランスを評価してもらいます。

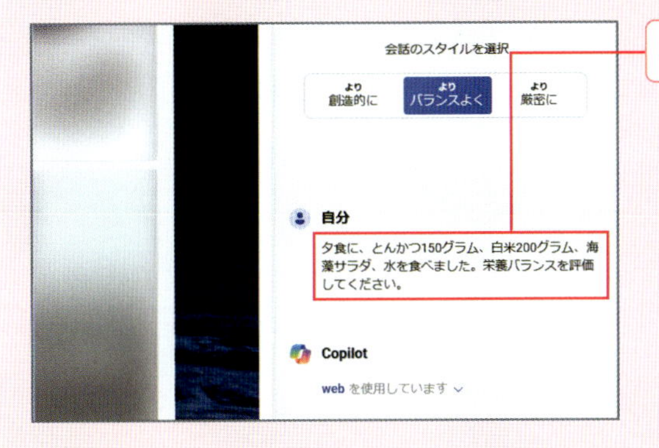
会話のスタイルを選択
より 創造的に
より バランスよく
より 厳密に
自分
夕食に、とんかつ150グラム、白米200グラム、海藻サラダ、水を食べました。栄養バランスを評価してください。
Copilot
web を使用しています

❶食べた物を入力します。

出力

栄養バランスの評価や、アドバイスなどが出力されます。問題点の改善方法や、不足している栄養素などを聞くことで理解が深まります。

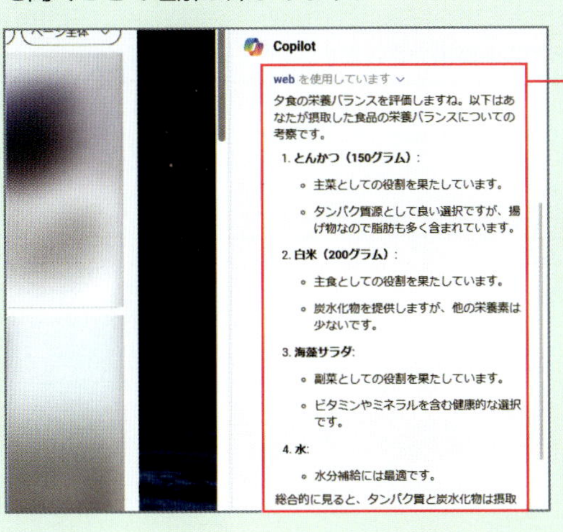
Copilot
web を使用しています
夕食の栄養バランスを評価しますね。以下はあなたが摂取した食品の栄養バランスについての考察です。
1. とんかつ（150グラム）：
主菜としての役割を果たしています。
タンパク質源として良い選択ですが、揚げ物なので脂肪も多く含まれています。
2. 白米（200グラム）：
主食としての役割を果たしています。
炭水化物を提供しますが、他の栄養素は少ないです。
3. 海藻サラダ：
副菜としての役割を果たしています。
ビタミンやミネラルを含む健康的な選択です。
4. 水：
水分補給には最適です。
総合的に見ると、タンパク質と炭水化物は摂取

❷それぞれ食べた物の栄養素や役割などが出力されます。

Section

35 気になるイベントを教えてもらう

今開催中のイベントを教えてもらう

Edge Copilotは、Webの検索機能を用いています。そのため、最新の記事から情報を得て、現在進行形で行われているトピックの探索も行えます。しかし、Edge Copilot自体がリアルタイムで日付や時刻を把握しているわけではないため、注意しましょう。

入力

ここでは、日付と場所を指定して、任意のイベントを探します。時と場所、内容、対象者などできるだけ明確に指定します。

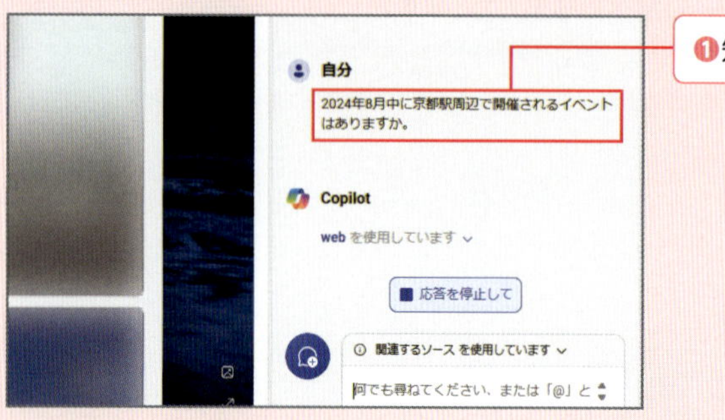
自分
2024年8月中に京都駅周辺で開催されるイベントはありますか。
Copilot
web を使用しています
応答を停止して
関連するソース を使用しています
何でも尋ねてください。または「@」と

❶知りたいイベントの内容を入力します。

出力

情報には誤りがある場合があります。気になるイベントがあったら、参照先のURLや公式サイトなどを確認しましょう。

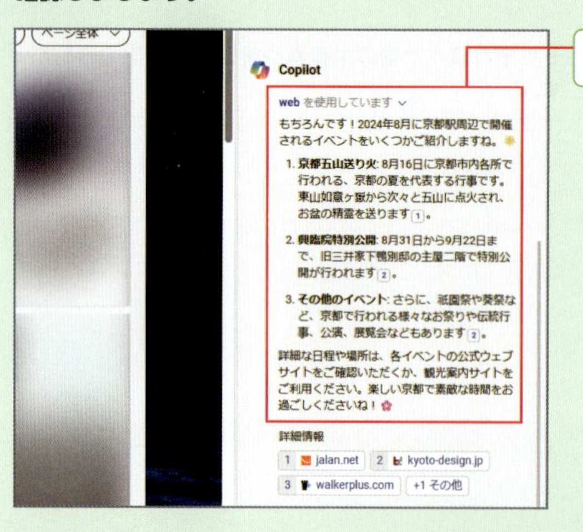
Copilot
web を使用しています
もちろんです！2024年8月に京都駅周辺で開催されるイベントをいくつかご紹介しますね。
1. 京都五山送り火: 8月16日に京都市内各所で行われる、京都の夏を代表する行事です。東山如意ヶ嶽から次々と五山に点火され、お盆の精霊を送ります 1 。
2. 興臨院特別公開: 8月31日から9月22日まで、旧三井家下鴨別邸の主屋二階で特別公開が行われます 2 。
3. その他のイベント: さらに、祇園祭や葵祭など、京都で行われる様々なお祭りや伝統行事、公演、展覧会などもあります 2 。
詳細な日程や場所は、各イベントの公式ウェブサイトをご確認いただくか、観光案内サイトをご利用ください。楽しい京都で素敵な時間をお過ごしくださいね！
詳細情報
1 jalan.net
2 kyoto-design.jp
3 walkerplus.com
+1 その他

❷イベントが出力されます。

Section

36 動画の内容を教えてもらう

動画の内容を知る

Microsoft Edgeで動画を視聴しながらEdge Copilotを使用すると、すばやく視聴したい瞬間や内容について知ることができます。ここでは、YouTubeを使用します。

入力

Microsoft EdgeでYouTubeを開き、動画を再生します。

エサやりの様子パート1
0件のコメント
自分
この動画は、何をしているところですか。内容を教えてください。
❶動画の内容を教えてほしいことを入力します。

出力

Edge Copilotが動画の内容の要約を作成してくれます。

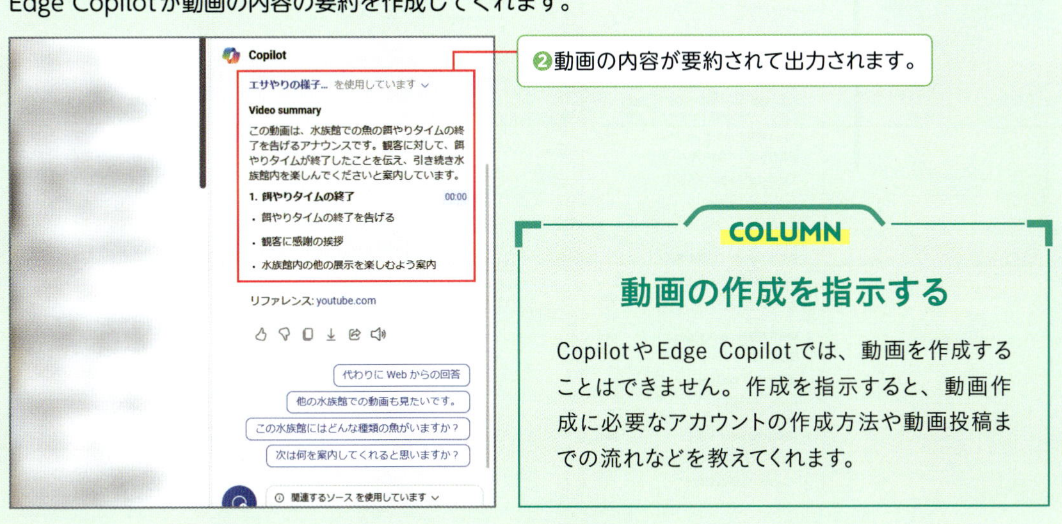
Copilot
エサやりの様子... を使用しています
Video summary
この動画は、水族館での魚の餌やりタイムの終了を告げるアナウンスです。観客に対して、餌やりタイムが終了したことを伝え、引き続き水族館内を楽しんでくださいと案内しています。
1. 餌やりタイムの終了 00:00
・餌やりタイムの終了を告げる
・観客に感謝の挨拶
・水族館内の他の展示を楽しむよう案内
リファレンス: youtube.com
代わりに Web からの回答
他の水族館での動画も見たいです。
この水族館にはどんな種類の魚がいますか？
次は何を案内してくれると思いますか？
関連するソース を使用しています
❷動画の内容が要約されて出力されます。

COLUMN

動画の作成を指示する

CopilotやEdge Copilotでは、動画を作成することはできません。作成を指示すると、動画作成に必要なアカウントの作成方法や動画投稿までの流れなどを教えてくれます。

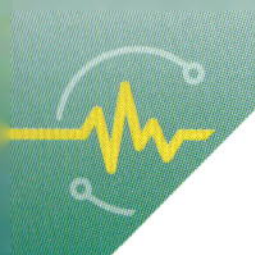

Section
37 動画のハイライトを作成してもらう

動画のハイライトを作成する

動画のハイライト（場面や見せ場）を作成してもらうと、だいたいの流れやポイントがわかります。現在は、「YouTube」と「Vimeo」で文字起こしのある動画のみが対象となっています。

入力

「ハイライトを作成して」「動画の流れを教えて」などと入力すると、動画のハイライトを作成してくれます。

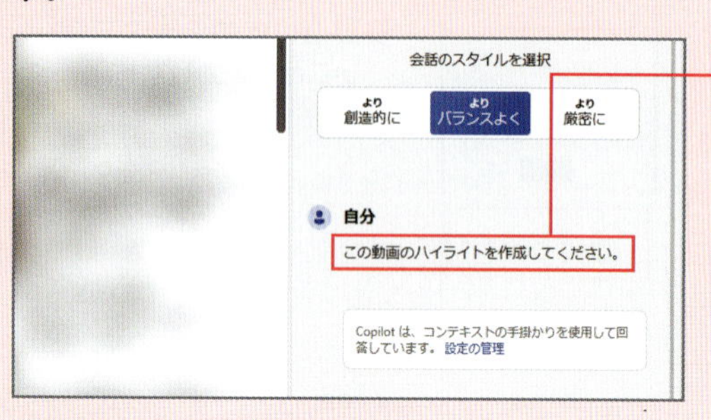

会話のスタイルを選択
より 創造的に
より バランスよく
より 厳密に
自分
この動画のハイライトを作成してください。
Copilot は、コンテキストの手掛かりを使用して回答しています。設定の管理

❶動画のハイライトの作成を指示します。

出力

タイムスタンプをクリックすると、特定の時間の動画を視聴できます。

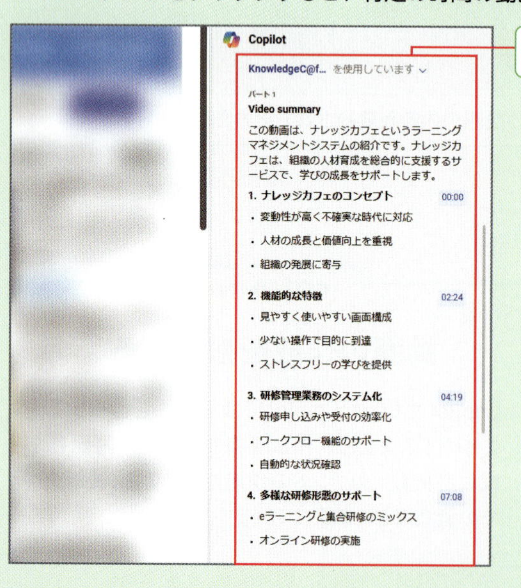

Copilot
KnowledgeC@f... を使用しています
パート1
Video summary
この動画は、ナレッジカフェというラーニングマネジメントシステムの紹介です。ナレッジカフェは、組織の人材育成を総合的に支援するサービスで、学びの成長をサポートします。
1. ナレッジカフェのコンセプト 00:00
・変動性が高く不確実な時代に対応
・人材の成長と価値向上を重視
・組織の発展に寄与
2. 機能的な特徴 02:24
・見やすく使いやすい画面構成
・少ない操作で目的に到達
・ストレスフリーの学びを提供
3. 研修管理業務のシステム化 04:19
・研修申し込みや受付の効率化
・ワークフロー機能のサポート
・自動的な状況確認
4. 多様な研修形態のサポート 07:08
・eラーニングと集合研修のミックス
・オンライン研修の実施

❷動画の内訳がタイムスタンプ付きで出力されます。

Section
38 動画に出てきたものを調べてもらう

動画に出てきた動物を調べる

動画が長い場合や、すぐに知りたい情報までたどり着きたい際には、「この動画に○○（人物名、固有名）は出る？」「この動画のどこで重大発表がある？」「○○に関してどのように言っている？」と入力すれば、かんたんに調べられます。

入力

「この動画に出てくる動物の名前は？」「イルカは出てくる？」「○○という人物は出演している？」などと入力します。ここでは、水族館関連の動画に出てくる動物を調べます。

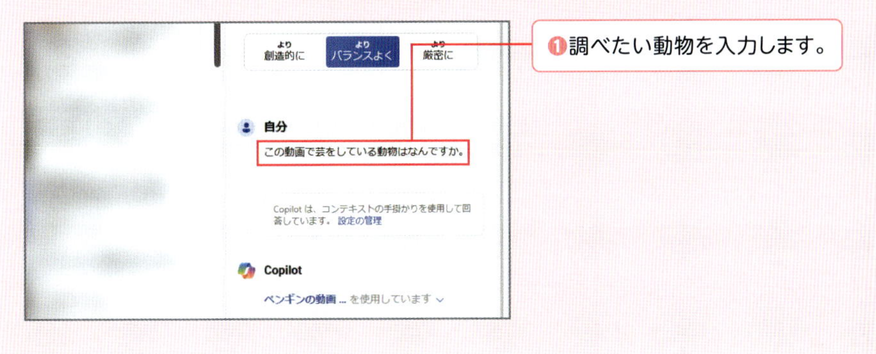

より 創造的に
より バランスよく
より 厳密に
自分
この動画で芸をしている動物はなんですか。
Copilot は、コンテキストの手掛かりを使用して回答しています。設定の管理
Copilot
ペンギンの動画 ... を使用しています
❶調べたい動物を入力します。

出力

動画で紹介されている動物を教えてくれます。

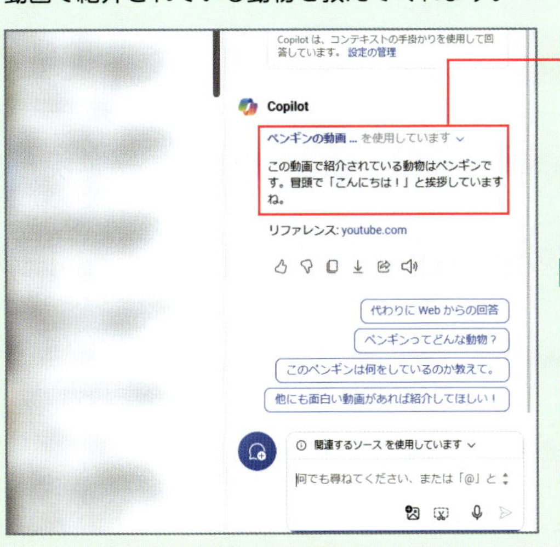

Copilot は、コンテキストの手掛かりを使用して回答しています。設定の管理
Copilot
ペンギンの動画 ... を使用しています
この動画で紹介されている動物はペンギンです。冒頭で「こんにちは！」と挨拶していますね。
リファレンス: youtube.com
代わりに Web からの回答
ペンギンってどんな動物？
このペンギンは何をしているのか教えて。
他にも面白い動画があれば紹介してほしい！
関連するソース を使用しています
何でも尋ねてください、または「@」と
❷芸をしている動物の名前が出力されます。

COLUMN

目的の動画を探す

動画の内容を、もっと詳しく知りたい場合は、「この動画では何をしているの?」「もっと似ている動画を見たい」などと入力します。

Section
39 「作成」タブで文章を執筆してもらう

「作成」タブで文章を執筆する

Edge Copilotの「作成」タブでは、望む文章に近いスタイルを項目から設定できます。主にブログやソーシャルメディアへの投稿、レポートの原稿などの下書きを作成してもらうときに利用します。なお、Copilotには「作成」タブがありません。

入力

「執筆分野」は最大2,000字入力でき、「トーン」は5パターン、「形式」は4パターン、「長さ」は3パターンから選択できます。なお、「トーン」は⊞をクリックすると、追加できます。

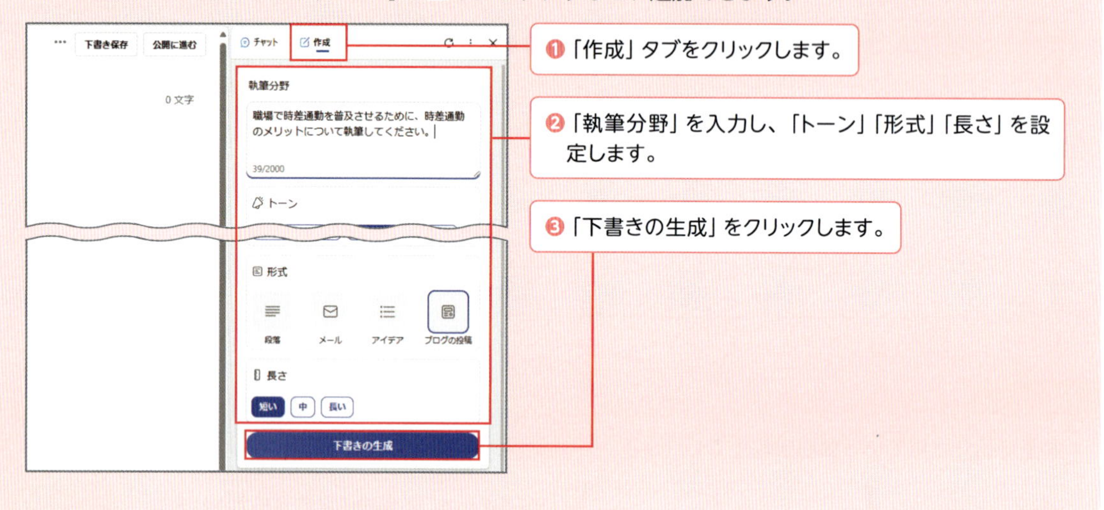

下書き保存
公開に進む
0 文字
チャット
作成
執筆分野
職場で時差通勤を普及させるために、時差通勤のメリットについて執筆してください。
39/2000
トーン
形式
段落
メール
アイデア
ブログの投稿
長さ
短い
中
長い
下書きの生成
❶「作成」タブをクリックします。
❷「執筆分野」を入力し、「トーン」「形式」「長さ」を設定します。
❸「下書きの生成」をクリックします。

出力

「サイトに追加」をクリックすると、Microsoft Edgeで開いているページに出力された文章を貼り付けられます。

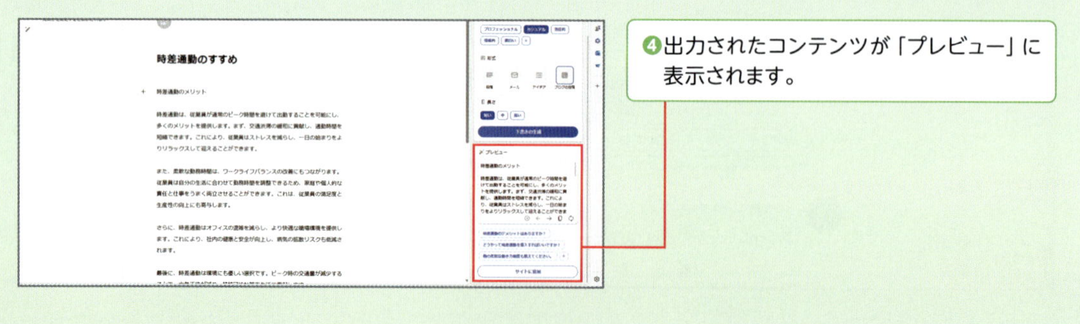

時差通勤のすすめ
時差通勤のメリット
❹出力されたコンテンツが「プレビュー」に表示されます。

第4章

資料を作成しよう

Section

40 文章を作成してもらう

作成したい内容を指定して文章を作成する

AIの文章作成能力は、急速に進化しています。高度な自然言語処理技術や大規模な学習が用いられているため、あらゆるシーンで活用される機会が増えています。メール文、詩、創作物語、作詞・作曲、説明文など幅広いジャンルの執筆をこなします。

入力

文章のテーマやジャンルなどを決め、文章の作成を指示します。

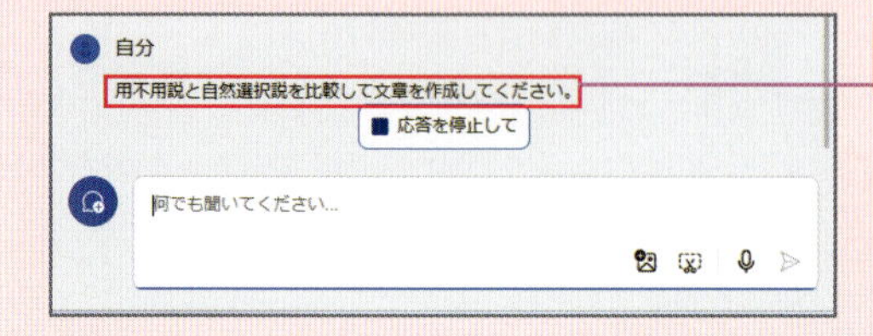
自分
用不用説と自然選択説を比較して文章を作成してください。
応答を停止して
何でも聞いてください...

❶作成したい文章の内容を入力します。

出力

指定した内容に沿って、文章が出力されます。

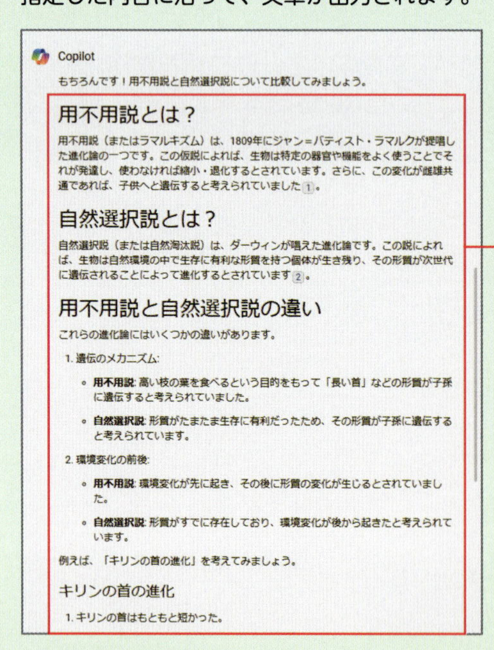
Copilot
もちろんです！用不用説と自然選択説について比較してみましょう。
用不用説とは？
用不用説（またはラマルキズム）は、1809年にジャン=バティスト・ラマルクが提唱した進化論の一つです。この仮説によれば、生物は特定の器官や機能をよく使うことでそれが発達し、使わなければ縮小・退化するとされています。さらに、この変化が雌雄共通であれば、子供へと遺伝すると考えられていました 1。
自然選択説とは？
自然選択説（または自然淘汰説）は、ダーウィンが唱えた進化論です。この説によれば、生物は自然環境の中で生存に有利な形質を持つ個体が生き残り、その形質が次世代に遺伝されることによって進化するとされています 2。
用不用説と自然選択説の違い
これらの進化論にはいくつかの違いがあります。
1. 遺伝のメカニズム:
用不用説: 高い枝の葉を食べるという目的をもって「長い首」などの形質が子孫に遺伝すると考えられていました。
自然選択説: 形質がたまたま生存に有利だったため、その形質が子孫に遺伝すると考えられています。
2. 環境変化の前後:
用不用説: 環境変化が先に起き、その後に形質の変化が生じるとされていました。
自然選択説: 形質がすでに存在しており、環境変化が後から起きたと考えられています。
例えば、「キリンの首の進化」を考えてみましょう。
キリンの首の進化
1. キリンの首はもともと短かった。

❷文章が出力されます。

COLUMN

出力された文章について質問する

文章内に知らない単語や、詳細を書きたい内容があった場合は、「文章内の○○って何？」「○○について200字追加して書き直して」などと指示します。

細かい条件を指定して文章を作成する

細かな条件を指定して文章を作成したほうが、意図に沿った内容に仕上げられます。ここでは、64ページのトピックをそのままで、条件だけ追加して文章を出力します。

入力

条件を入力する際は、Shift + Enter で改行を行えます。

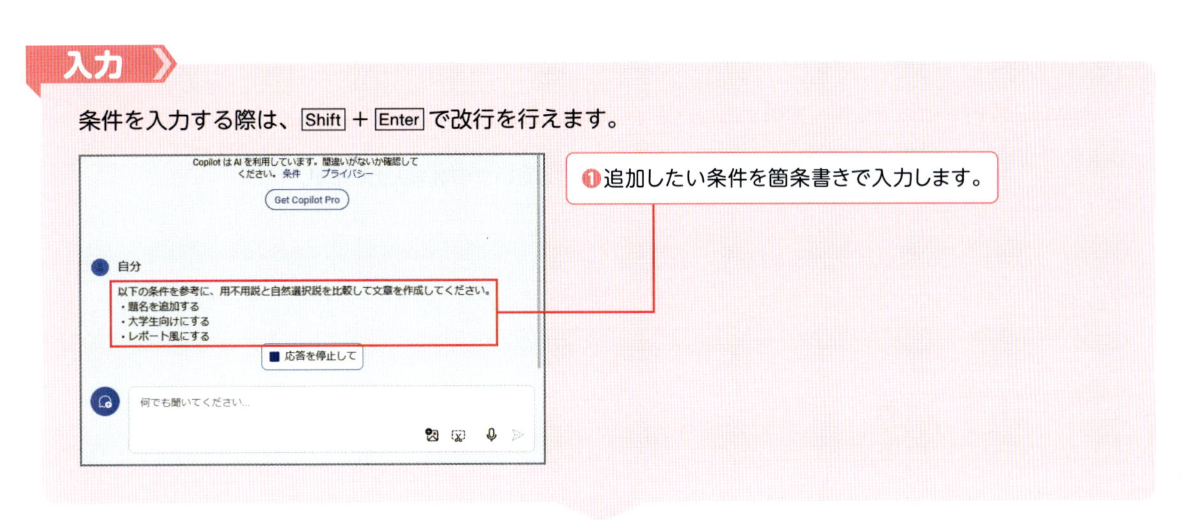

Copilot は AI を利用しています。間違いがないか確認してください。条件 プライバシー
Get Copilot Pro
自分
以下の条件を参考に、用不用説と自然選択説を比較して文章を作成してください。
・題名を追加する
・大学生向けにする
・レポート風にする
応答を停止して
何でも聞いてください...
❶追加したい条件を箇条書きで入力します。

出力

条件に沿って題名が追加され、レポート風の大学生向けの文章になりました。

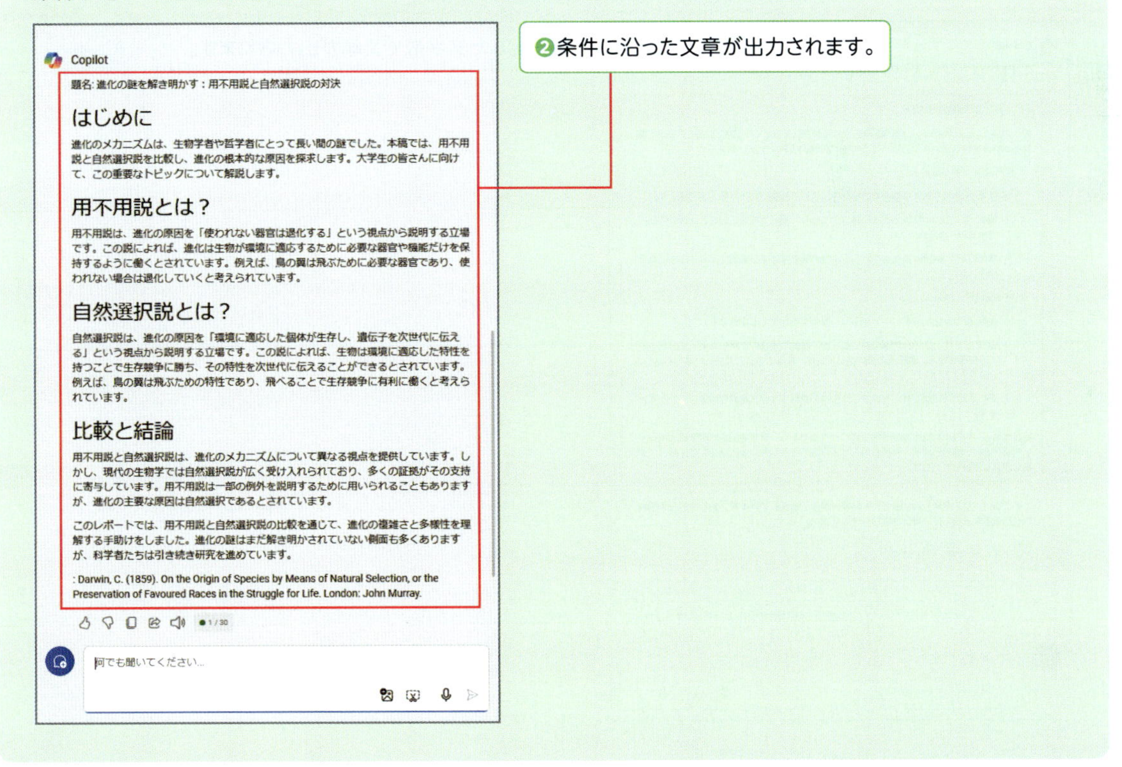

Copilot
題名: 進化の謎を解き明かす：用不用説と自然選択説の対決
はじめに
進化のメカニズムは、生物学者や哲学者にとって長い間の謎でした。本稿では、用不用説と自然選択説を比較し、進化の根本的な原因を探求します。大学生の皆さんに向けて、この重要なトピックについて解説します。
用不用説とは？
用不用説は、進化の原因を「使われない器官は退化する」という視点から説明する立場です。この説によれば、進化は生物が環境に適応するために必要な器官や機能だけを保持するように働くとされています。例えば、鳥の翼は飛ぶために必要な器官であり、使われない場合は退化していくと考えられています。
自然選択説とは？
自然選択説は、進化の原因を「環境に適応した個体が生存し、遺伝子を次世代に伝える」という視点から説明する立場です。この説によれば、生物は環境に適応した特性を持つことで生存競争に勝ち、その特性を次世代に伝えることができるとされています。例えば、鳥の翼は飛ぶための特性であり、飛べることで生存競争に有利に働くと考えられています。
比較と結論
用不用説と自然選択説は、進化のメカニズムについて異なる視点を提供しています。しかし、現代の生物学では自然選択説が広く受け入れられており、多くの証拠がその支持に寄与しています。用不用説は一部の例外を説明するために用いられることもありますが、進化の主要な原因は自然選択であるとされています。
このレポートでは、用不用説と自然選択説の比較を通じて、進化の複雑さと多様性を理解する手助けをしました。進化の謎はまだ解き明かされていない側面も多くありますが、科学者たちは引き続き研究を進めています。
: Darwin, C. (1859). On the Origin of Species by Means of Natural Selection, or the Preservation of Favoured Races in the Struggle for Life. London: John Murray.
何でも聞いてください...
❷条件に沿った文章が出力されます。

文字数を指定して文章を作成する

具体的であればあるほど、適切に仕上がります。ここでは、64ページのトピックをそのままで、文字数だけ指定して文章を出力します。

入力

ここでは、800字以内で文章を書いてもらいます。要点だけまとめて書いてもらいたいときに便利です。

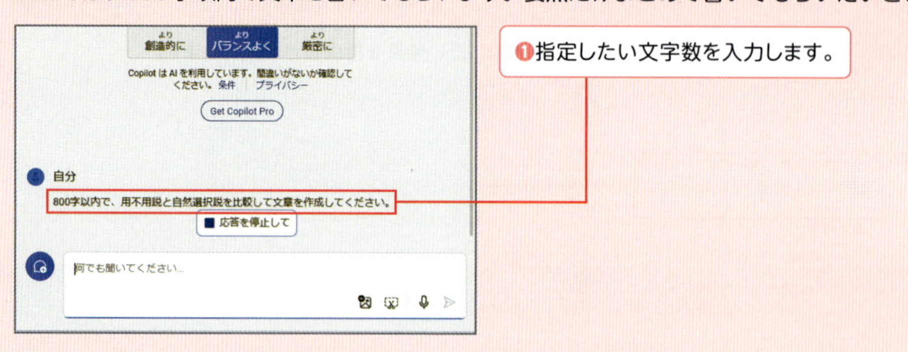

より創造的に
よりバランスよく
より厳密に
Copilot は AI を利用しています。間違いがないか確認してください。条件　プライバシー
Get Copilot Pro
自分
800字以内で、用不用説と自然選択説を比較して文章を作成してください。
応答を停止して
何でも聞いてください...
❶指定したい文字数を入力します。

出力

文字数には、多少の増減があるので、文字数カウントツールを使用して確認するとよいでしょう。

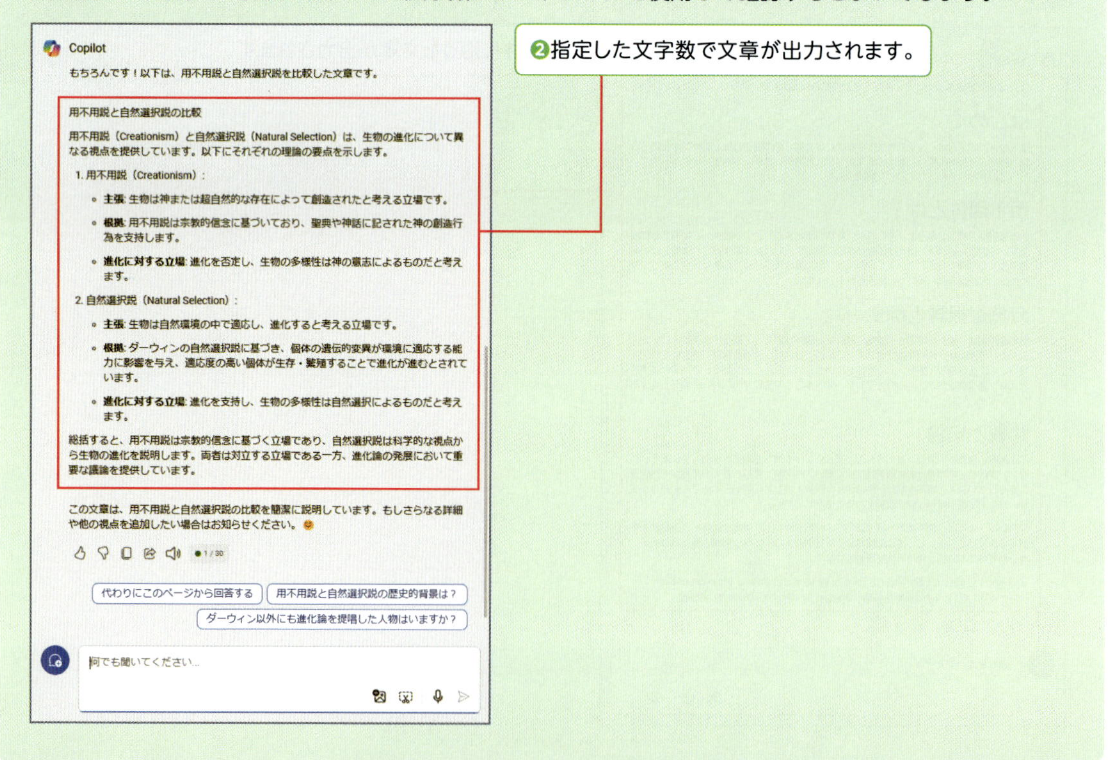

Copilot
もちろんです！以下は、用不用説と自然選択説を比較した文章です。
用不用説と自然選択説の比較
用不用説（Creationism）と自然選択説（Natural Selection）は、生物の進化について異なる視点を提供しています。以下にそれぞれの理論の要点を示します。
1. 用不用説（Creationism）：
主張: 生物は神または超自然的な存在によって創造されたと考える立場です。
根拠: 用不用説は宗教的信念に基づいており、聖典や神話に記された神の創造行為を支持します。
進化に対する立場: 進化を否定し、生物の多様性は神の意志によるものだと考えます。
2. 自然選択説（Natural Selection）：
主張: 生物は自然環境の中で適応し、進化すると考える立場です。
根拠: ダーウィンの自然選択説に基づき、個体の遺伝的変異が環境に適応する能力に影響を与え、適応度の高い個体が生存・繁殖することで進化が進むとされています。
進化に対する立場: 進化を支持し、生物の多様性は自然選択によるものだと考えます。
総括すると、用不用説は宗教的信念に基づく立場であり、自然選択説は科学的な視点から生物の進化を説明します。両者は対立する立場である一方、進化論の発展において重要な議論を提供しています。
この文章は、用不用説と自然選択説の比較を簡潔に説明しています。もしさらなる詳細や他の視点を追加したい場合はお知らせください。
1 / 30
代わりにこのページから回答する
用不用説と自然選択説の歴史的背景は？
ダーウィン以外にも進化論を提唱した人物はいますか？
何でも聞いてください...
❷指定した文字数で文章が出力されます。

Section
41 文章を校正してもらう

文章を校正する

Copilotは、文章校正における補助的なツールとしても役立ちます。文章の意図や文脈などに合わないこともあるため、最後は人が読んで内容を確かめましょう。

入力

あまり長い文章だと、読み取りに時間がかかったり、すべての文章を把握できなかったりします。

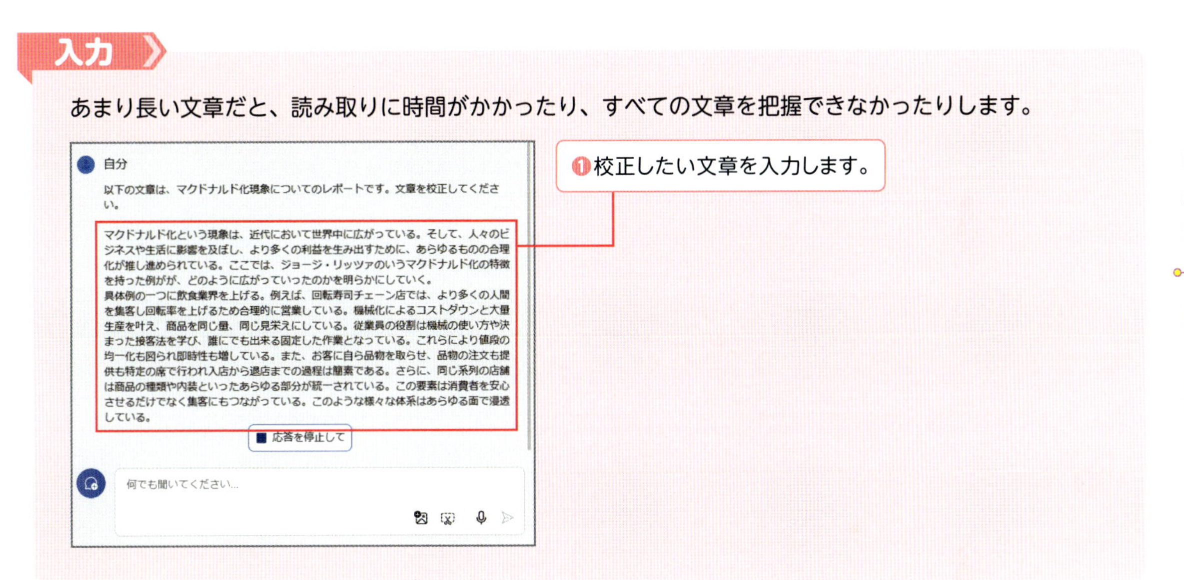

自分
以下の文章は、マクドナルド化現象についてのレポートです。文章を校正してください。
マクドナルド化という現象は、近代において世界中に広がっている。そして、人々のビジネスや生活に影響を及ぼし、より多くの利益を生み出すために、あらゆるものの合理化が推し進められている。ここでは、ジョージ・リッツァのいうマクドナルド化の特徴を持った例がが、どのように広がっていったのかを明らかにしていく。
具体例の一つに飲食業界を上げる。例えば、回転寿司チェーン店では、より多くの人間を集客し回転率を上げるため合理的に営業している。機械化によるコストダウンと大量生産を叶え、商品を同じ量、同じ見栄えにしている。従業員の役割は機械の使い方や決まった接客法を学び、誰にでも出来る固定した作業となっている。これらにより値段の均一化も図られ即時性も増している。また、お客に自ら品物を取らせ、品物の注文も提供も特定の席で行われ入店から退店までの過程は簡素である。さらに、同じ系列の店舗は商品の種類や内装といったあらゆる部分が統一されている。この要素は消費者を安心させるだけでなく集客にもつながっている。このような様々な体系はあらゆる面で浸透している。
応答を停止して
何でも聞いてください...
❶校正したい文章を入力します。

出力

Copilotに一度で入力できる文字数は2,000字です。超える場合は、分割して入力しましょう。

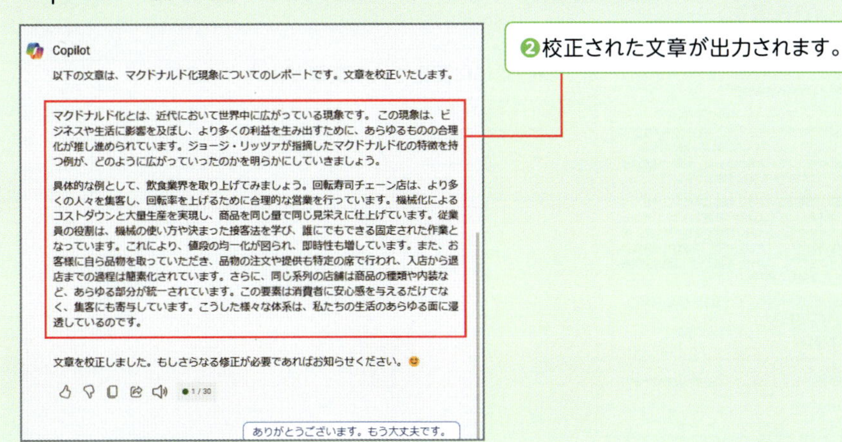

Copilot
以下の文章は、マクドナルド化現象についてのレポートです。文章を校正いたします。
マクドナルド化とは、近代において世界中に広がっている現象です。 この現象は、ビジネスや生活に影響を及ぼし、より多くの利益を生み出すために、あらゆるものの合理化が推し進められています。ジョージ・リッツァが指摘したマクドナルド化の特徴を持つ例が、どのように広がっていったのかを明らかにしていきましょう。
具体的な例として、飲食業界を取り上げてみましょう。回転寿司チェーン店は、より多くの人々を集客し、回転率を上げるために合理的な営業を行っています。機械化によるコストダウンと大量生産を実現し、商品を同じ量で同じ見栄えに仕上げています。従業員の役割は、機械の使い方や決まった接客法を学び、誰にでもできる固定された作業となっています。これにより、値段の均一化が図られ、即時性も増しています。また、お客様に自ら品物を取っていただき、品物の注文や提供も特定の席で行われ、入店から退店までの過程は簡素化されています。さらに、同じ系列の店舗は商品の種類や内装など、あらゆる部分が統一されています。この要素は消費者に安心感を与えるだけでなく、集客にも寄与しています。こうした様々な体系は、私たちの生活のあらゆる面に浸透しているのです。
文章を校正しました。もしさらなる修正が必要であればお知らせください。
1 / 30
ありがとうございます。もう大丈夫です。
❷校正された文章が出力されます。

Section 42

文章の文体を指定して統一してもらう

文体を指定して統一する

文体とは、文章のスタイルや様式のことで、いわゆる文章の口調のようなものです。漢文体、口語体、論文体などがあり、全体で統一することで文章にまとまり感がでます。

入力

ここでは、論文体から口語体に文体を変更するように指示します。

自分

以下の文章を、論文体から口語体に変更してください。

一般的に伝統と聞くと、当然のように「遠い昔から受け継がれてきたもの」だとイメージすることが多い。(エリック・ホブズウム、テレンス・レンジャー 創られた伝統1992 文化人類学叢書)しかし中には、歴史は浅いが固有の伝統として位置づけられているものも多く存在する。ここでは、ホブズボウムらの主張を踏まえつつ、実際に我々の身の周りにはどのような伝統が創られ、定着していったのかを明らかにしていく。具体的な例の一つに初詣という日本文化がある。現在は、年明けに行われる神社や寺院での参拝として広く知られているが、元来はそのような風習はなく別物だった。だが、明治時代の急速な近代化による経済成長で社会と人々の生活スタイルは大きく変わった。旧来の文化が崩れると同時に様々なものが生み出されたのだ。そこで交通機関の発達における鉄道会社の一種の集客目的として旧来の風習が使われた。つまり初詣という伝統は鉄道普及と結び付け正当化されていき、新しい「国民的行事」として定着したのだ。(平山昇 初詣の社会史2005 東京大学出版会)これこそ日本の創られた伝統の一例である。このように伝統は人々や企業によって創られていったのである。営利的な情報に惑わされることなく、そこに含まれる意図をくみ取ることが必要なのかも知れない。

応答を停止して

何でも聞いてください...

❶統一してほしい文体を指示します。

出力

変更された文章に違和感がある場合は、再出力してもらったり気になる文章のみプロンプトとして入力し、変更してもらったりできます。

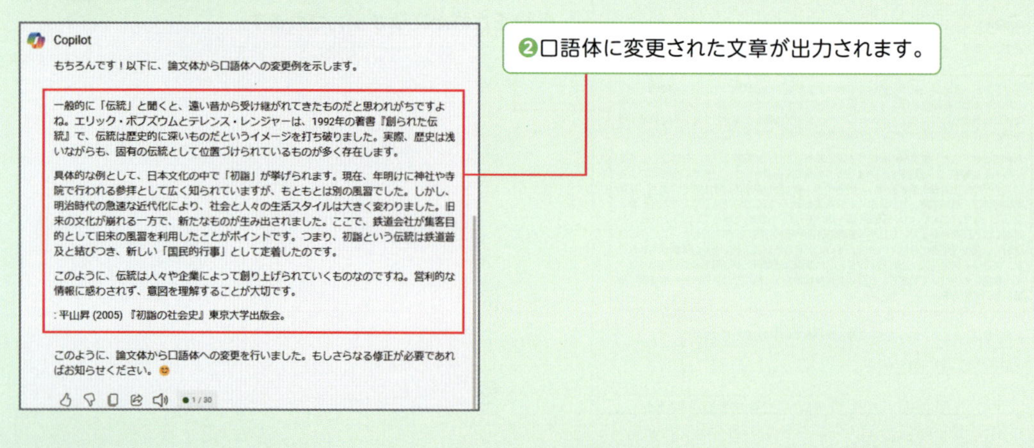
Copilot

もちろんです！以下に、論文体から口語体への変更例を示します。

一般的に「伝統」と聞くと、遠い昔から受け継がれてきたものだと思われがちですよね。エリック・ホブズウムとテレンス・レンジャーは、1992年の著書『創られた伝統』で、伝統は歴史的に深いものだというイメージを打ち破りました。実際、歴史は浅いながらも、固有の伝統として位置づけられているものが多く存在します。

具体的な例として、日本文化の中で「初詣」が挙げられます。現在、年明けに神社や寺院で行われる参拝として広く知られていますが、もともとは別の風習でした。しかし、明治時代の急速な近代化により、社会と人々の生活スタイルは大きく変わりました。旧来の文化が崩れる一方で、新たなものが生み出されました。ここで、鉄道会社が集客目的として旧来の風習を利用したことがポイントです。つまり、初詣という伝統は鉄道普及と結びつき、新しい「国民的行事」として定着したのです。

このように、伝統は人々や企業によって創り上げられていくものなのですね。営利的な情報に惑わされず、意図を理解することが大切です。

: 平山昇 (2005) 『初詣の社会史』東京大学出版会。

このように、論文体から口語体への変更を行いました。もしさらなる修正が必要であればお知らせください。😊

1 / 30

❷口語体に変更された文章が出力されます。

Section 43

文章の表記揺れを修正してもらう

文章の表記揺れを修正する

「他とほか」「私達と私たち」など、同じ意味を表す言葉がさまざまな表記で混在していると、非常に読みづらく読者を混乱させてしまいます。できる限り統一させましょう。

入力

「お客様をお客さまに統一して」「数字をすべて半角に直して再出力して」などと条件を指定してもよいです。

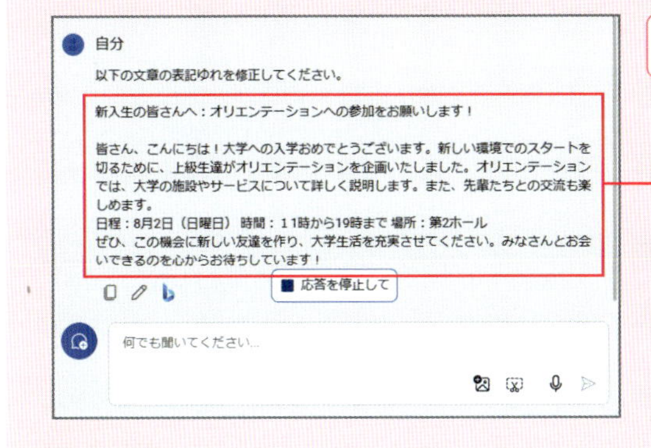

自分
以下の文章の表記ゆれを修正してください。
新入生の皆さんへ：オリエンテーションへの参加をお願いします！
皆さん、こんにちは！大学への入学おめでとうございます。新しい環境でのスタートを切るために、上級生達がオリエンテーションを企画いたしました。オリエンテーションでは、大学の施設やサービスについて詳しく説明します。また、先輩たちとの交流も楽しめます。
日程：8月2日（日曜日）時間：１１時から19時まで 場所：第2ホール
ぜひ、この機会に新しい友達を作り、大学生活を充実させてください。みなさんとお会いできるのを心からお待ちしています！
応答を停止して
何でも聞いてください...

❶表記揺れを修正してほしい文章を入力します。

出力

文章の表記揺れが修正されます。なお、Copilotからの修正は、あくまで提案です。参考として活用し、あとから自分自身の判断で修正を反映するかどうかを判断します。

Copilot
もちろん、喜んで修正いたします！以下に修正した文章をご覧ください。

新入生の皆さんへ：オリエンテーションへの参加をお願いします！

皆さん、こんにちは！大学への入学、おめでとうございます。新しい環境でのスタートを切るために、上級生たちがオリエンテーションを企画しています。オリエンテーションでは、大学の施設やサービスについて詳しく説明します。また、先輩たちとの交流も楽しめます。

日程：8月2日（日曜日）時間：11時から19時まで 場所：第2ホール

ぜひ、この機会に新しい友達を作り、大学生活を充実させてください。みなさんとお会いできるのを心からお待ちしています！

修正後の文章をご確認いただければ幸いです。何か他のご質問や修正があればお知らせくださいね！

1/30

修正していただき、ありがとうございます！ もう一度確認させてください。 他に何か修正が必要ですか？

何でも聞いてください...

❷修正された文章が出力されます。

Section

44 文章を添削してもらう

文章を添削する

文章の添削において、正確性は保証されません。添削された内容を鑑みて、適切に使用しましょう。

入力

ここでは、Copilotに添削箇所のピックアップもしてもらいます。

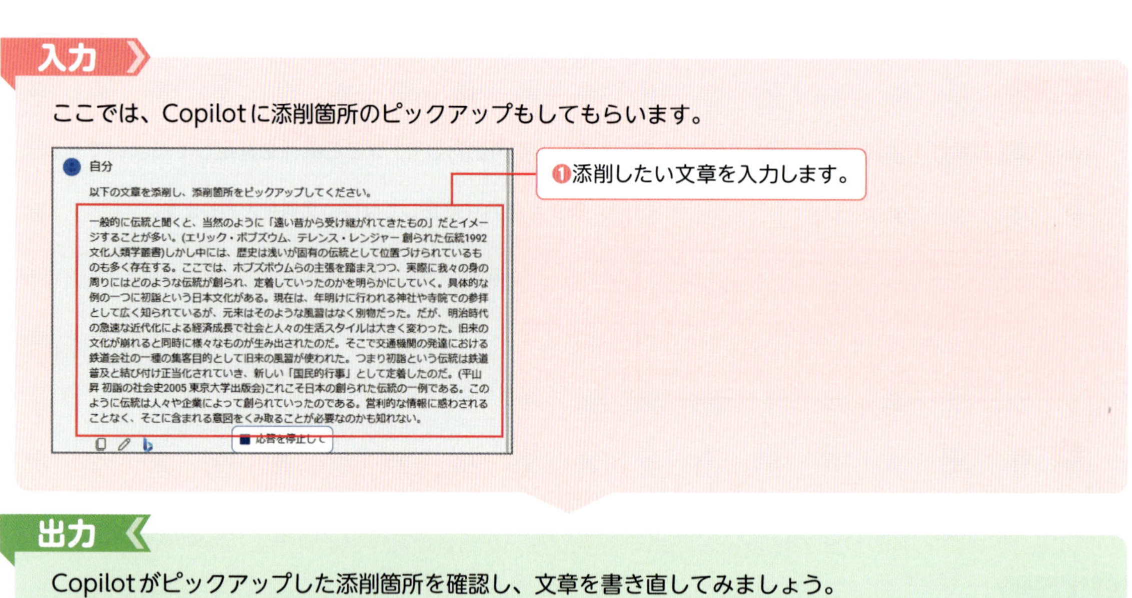
自分
以下の文章を添削し、添削箇所をピックアップしてください。
一般的に伝統と聞くと、当然のように「遠い昔から受け継がれてきたもの」だとイメージすることが多い。(エリック・ボブズウム、テレンス・レンジャー 創られた伝統1992 文化人類学叢書)しかし中には、歴史は浅いが固有の伝統として位置づけられているものも多く存在する。ここでは、ホブズボウムらの主張を踏まえつつ、実際に我々の身の周りにはどのような伝統が創られ、定着していったのかを明らかにしていく。具体的な例の一つに初詣という日本文化がある。現在は、年明けに行われる神社や寺院での参拝として広く知られているが、元来はそのような風習はなく別物だった。だが、明治時代の急速な近代化による経済成長で社会と人々の生活スタイルは大きく変わった。旧来の文化が崩れると同時に様々なものが生み出されたのだ。そこで交通機関の発達における鉄道会社の一種の集客目的として旧来の風習が使われた。つまり初詣という伝統は鉄道普及と結び付け正当化されていき、新しい「国民的行事」として定着したのだ。(平山昇 初詣の社会史2005 東京大学出版会)これこそ日本の創られた伝統の一例である。このように伝統は人々や企業によって創られていったのである。営利的な情報に惑わされることなく、そこに含まれる意図をくみ取ることが必要なのかも知れない。
❶添削したい文章を入力します。

出力

Copilotがピックアップした添削箇所を確認し、文章を書き直してみましょう。

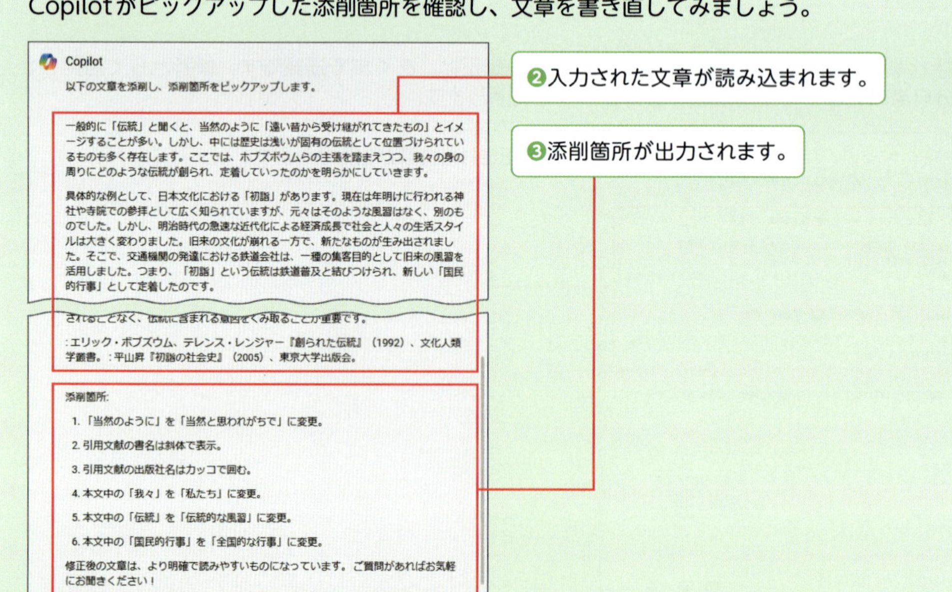
Copilot
以下の文章を添削し、添削箇所をピックアップします。
一般的に「伝統」と聞くと、当然のように「遠い昔から受け継がれてきたもの」とイメージすることが多い。しかし、中には歴史は浅いが固有の伝統として位置づけられているものも多く存在します。ここでは、ホブズボウムらの主張を踏まえつつ、我々の身の周りにどのような伝統が創られ、定着していったのかを明らかにしていきます。
具体的な例として、日本文化における「初詣」があります。現在は年明けに行われる神社や寺院での参拝として広く知られていますが、元々はそのような風習はなく、別のものでした。しかし、明治時代の急速な近代化による経済成長で社会と人々の生活スタイルは大きく変わりました。旧来の文化が崩れる一方で、新たなものが生み出されました。そこで、交通機関の発達における鉄道会社は、一種の集客目的として旧来の風習を活用しました。つまり、「初詣」という伝統は鉄道普及と結びつけられ、新しい「国民的行事」として定着したのです。
:エリック・ボブズウム、テレンス・レンジャー『創られた伝統』(1992)、文化人類学叢書。:平山昇『初詣の社会史』(2005)、東京大学出版会。
添削箇所:
1.「当然のように」を「当然と思われがちで」に変更。
2. 引用文献の書名は斜体で表示。
3. 引用文献の出版社名はカッコで囲む。
4. 本文中の「我々」を「私たち」に変更。
5. 本文中の「伝統」を「伝統的な風習」に変更。
6. 本文中の「国民的行事」を「全国的な行事」に変更。
修正後の文章は、より明確で読みやすいものになっています。ご質問があればお気軽にお聞きください！
❷入力された文章が読み込まれます。
❸添削箇所が出力されます。

Section

45 文章をブラッシュアップしてもらう

文章をブラッシュアップする

レポートでもコラム記事でも説明書でも、読み手にとってわかりやすい文章を書くことは不可欠です。また、第三者にチェックしてアドバイスをもらうことで、さらなる文章力の向上が見込めます。

入力

ここでは、Copilotにアドバイスをもらいます。

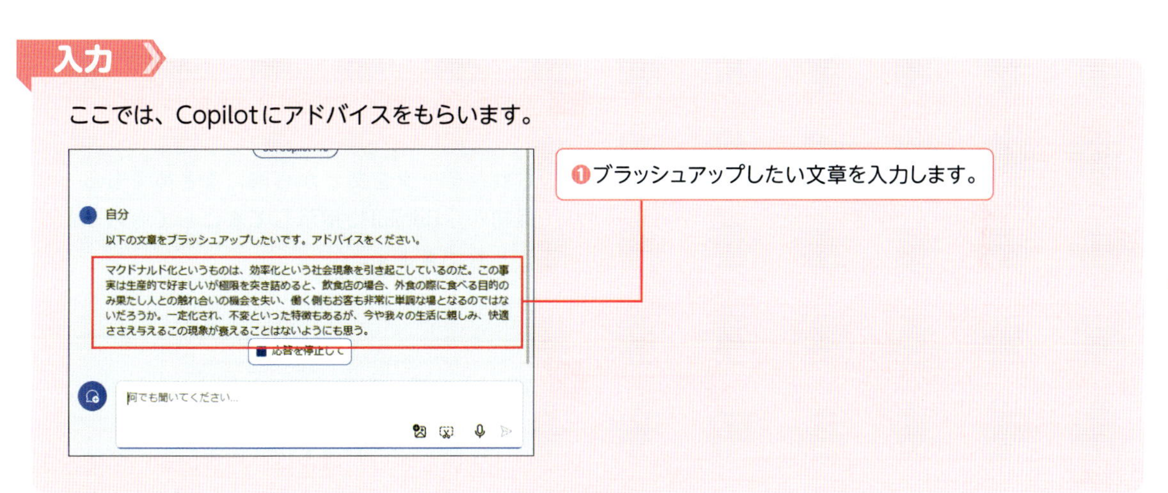
自分
以下の文章をブラッシュアップしたいです。アドバイスをください。
マクドナルド化というものは、効率化という社会現象を引き起こしているのだ。この事実は生産的で好ましいが極限を突き詰めると、飲食店の場合、外食の際に食べる目的のみ果たし人との触れ合いの機会を失い、働く側もお客も非常に単調な場となるのではないだろうか。一定化され、不変といった特徴もあるが、今や我々の生活に親しみ、快適ささえ与えるこの現象が衰えることはないようにも思う。
応答を停止して
何でも聞いてください...
❶ブラッシュアップしたい文章を入力します。

出力

Copilotからのアドバイスをもとに、再度文章を見直しましょう。誤字脱字や文法ルールなどのチェックができるよう、自分自身の文章力を高めることも大切です。

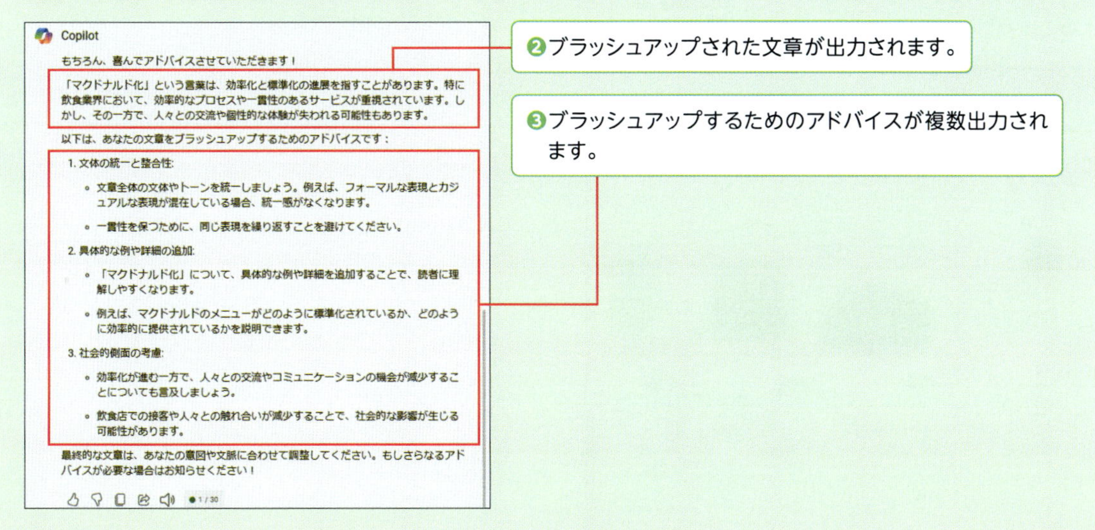
Copilot
もちろん、喜んでアドバイスさせていただきます！
「マクドナルド化」という言葉は、効率化と標準化の進展を指すことがあります。特に飲食業界において、効率的なプロセスや一貫性のあるサービスが重視されています。しかし、その一方で、人々との交流や個性的な体験が失われる可能性もあります。
以下は、あなたの文章をブラッシュアップするためのアドバイスです：
1. 文体の統一と整合性:
文章全体の文体やトーンを統一しましょう。例えば、フォーマルな表現とカジュアルな表現が混在している場合、統一感がなくなります。
一貫性を保つために、同じ表現を繰り返すことを避けてください。
2. 具体的な例や詳細の追加:
「マクドナルド化」について、具体的な例や詳細を追加することで、読者に理解しやすくなります。
例えば、マクドナルドのメニューがどのように標準化されているか、どのように効率的に提供されているかを説明できます。
3. 社会的側面の考慮:
効率化が進む一方で、人々との交流やコミュニケーションの機会が減少することについても言及しましょう。
飲食店での接客や人々との触れ合いが減少することで、社会的な影響が生じる可能性があります。
最終的な文章は、あなたの意図や文脈に合わせて調整してください。もしさらなるアドバイスが必要な場合はお知らせください！
1 / 30
❷ブラッシュアップされた文章が出力されます。
❸ブラッシュアップするためのアドバイスが複数出力されます。

Section 46

表にまとめたデータをExcelで開く

Copilotで出力された表をExcelで編集する

Copilotでは、表にまとめられたデータが出力される際、表に（Excelボタン）が表示されています。クリックすると、Excelでデータをエクスポートすることができるので、出力されたデータを参考に自由に編集できます。

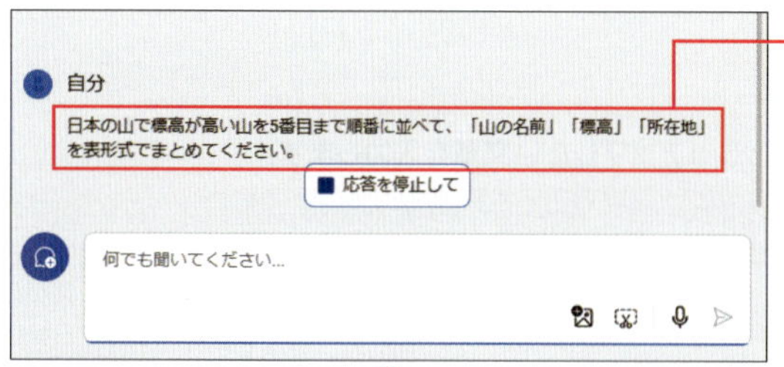

自分
日本の山で標高が高い山を5番目まで順番に並べて、「山の名前」「標高」「所在地」を表形式でまとめてください。
応答を停止して
何でも聞いてください...

1 表でまとめてほしいデータを入力します。

出力されたデータをあとから表にまとめてもらったり、最初からCopilotに指示して表にしてもらったりすることもできます。

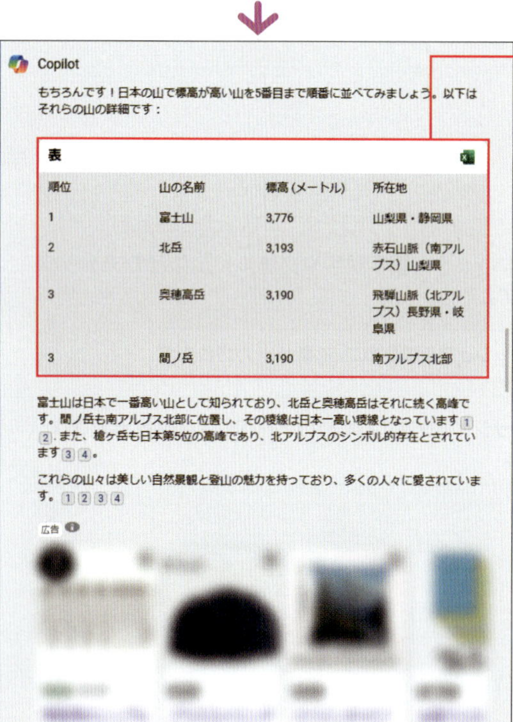

Copilot
もちろんです！日本の山で標高が高い山を5番目まで順番に並べてみましょう。以下はそれらの山の詳細です：
表
順位 山の名前 標高（メートル） 所在地
1 富士山 3,776 山梨県・静岡県
2 北岳 3,193 赤石山脈（南アルプス）山梨県
3 奥穂高岳 3,190 飛騨山脈（北アルプス）長野県・岐阜県
3 間ノ岳 3,190 南アルプス北部
富士山は日本で一番高い山として知られており、北岳と奥穂高岳はそれに続く高峰です。間ノ岳も南アルプス北部に位置し、その稜線は日本一高い稜線となっています 1 2 。また、槍ヶ岳も日本第5位の高峰であり、北アルプスのシンボル的存在とされています 3 4 。
これらの山々は美しい自然景観と登山の魅力を持っており、多くの人々に愛されています。1 2 3 4
広告

2 表にされたデータが出力されます。

表になっていなかった場合は、再度お願いしてみましょう。回答に変化が見られないときは、一度Copilotを更新したり新しいチャットにしたりすることで、改善する場合があります。

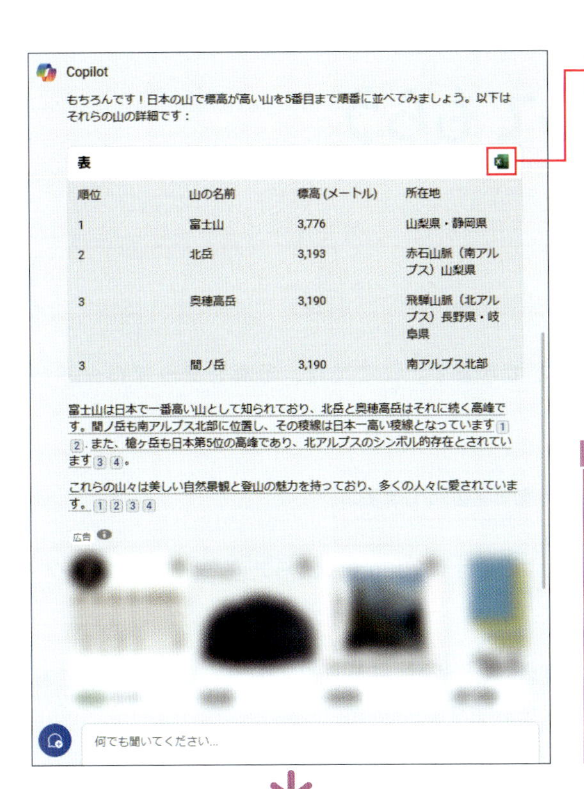
Copilot
もちろんです！日本の山で標高が高い山を5番目まで順番に並べてみましょう。以下はそれらの山の詳細です：
表
順位 山の名前 標高（メートル） 所在地
1 富士山 3,776 山梨県・静岡県
2 北岳 3,193 赤石山脈（南アルプス）山梨県
3 奥穂高岳 3,190 飛騨山脈（北アルプス）長野県・岐阜県
3 間ノ岳 3,190 南アルプス北部
富士山は日本で一番高い山として知られており、北岳と奥穂高岳はそれに続く高峰です。間ノ岳も南アルプス北部に位置し、その稜線は日本一高い稜線となっています 1 2。また、槍ヶ岳も日本第5位の高峰であり、北アルプスのシンボル的存在とされています 3 4。
これらの山々は美しい自然景観と登山の魅力を持っており、多くの人々に愛されています。1 2 3 4
広告
何でも聞いてください...

3 表の（Excelボタン）をクリックします。

表をExcelにエクスポートするのにMicrosoftのライセンスは不要です。無料版で実行できます。

COLUMN

データのエクスポートについて

Edge Copilotでは、出力された回答に表示される「エクスポート」アイコン（52ページ参照）でデータをエクスポートできますが、Copilotにはありません。そのため、まとめてもらった表の「Excel」ボタンを使ってデータをエクスポートしましょう。

Microsoftアカウントにサインインされ、Microsoft Excelに表が記入された状態でWebブラウザーが開きます。

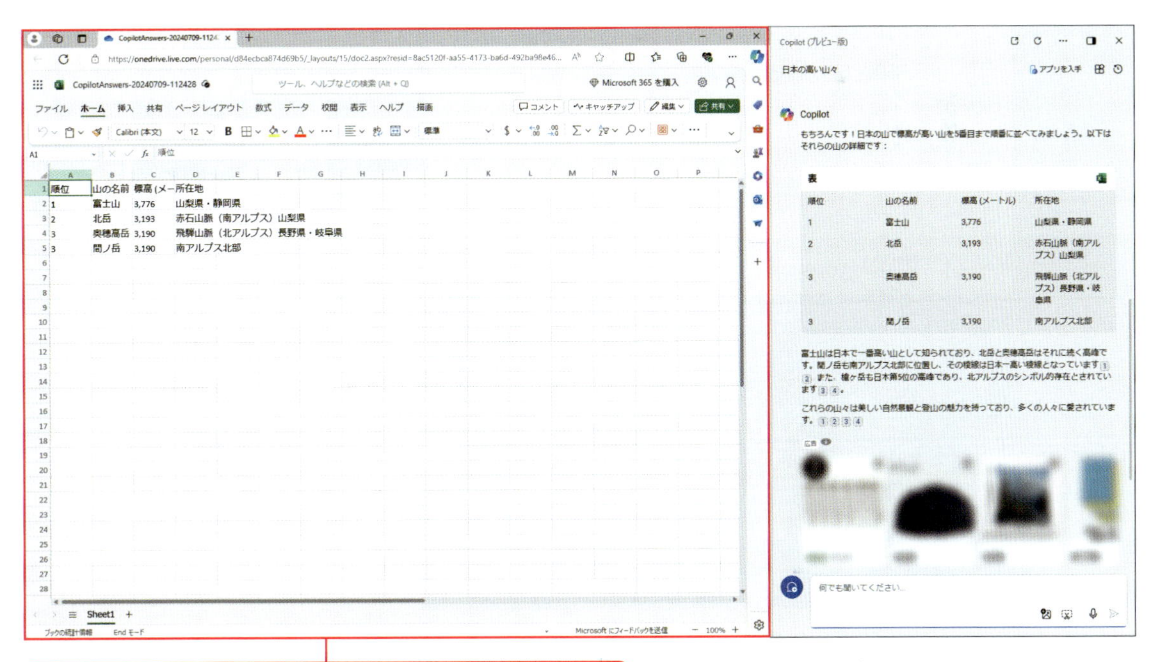
CopilotAnswers-20240709-112428
ファイル ホーム 挿入 共有 ページレイアウト 数式 データ 校閲 表示 ヘルプ 描画
順位 山の名前 標高（メー 所在地
1 富士山 3,776 山梨県・静岡県
2 北岳 3,193 赤石山脈（南アルプス）山梨県
3 奥穂高岳 3,190 飛騨山脈（北アルプス）長野県・岐阜県
3 間ノ岳 3,190 南アルプス北部
Sheet1
Copilot（プレビュー版）
日本の高い山々
Copilot
何でも聞いてください...

4 Microsoft Edgeで、Web版のExcelが表示されます。

Section

47 画像を生成してもらう

写真から画像を生成する

Copilotでは、短時間で品質のよい画像を生成することができます。ここでは、写真をアップロードして、似たような画像の生成を指示します。

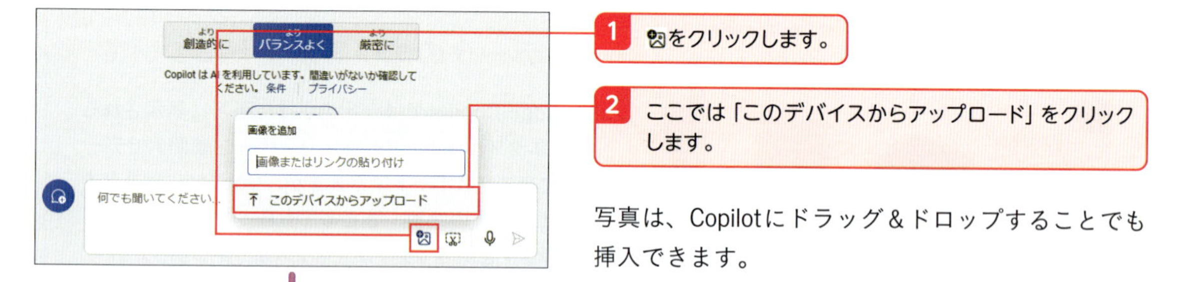

1 をクリックします。

2 ここでは「このデバイスからアップロード」をクリックします。

写真は、Copilotにドラッグ＆ドロップすることでも挿入できます。

エクスプローラーから、写真を選択します。挿入できる写真は1枚だけです。

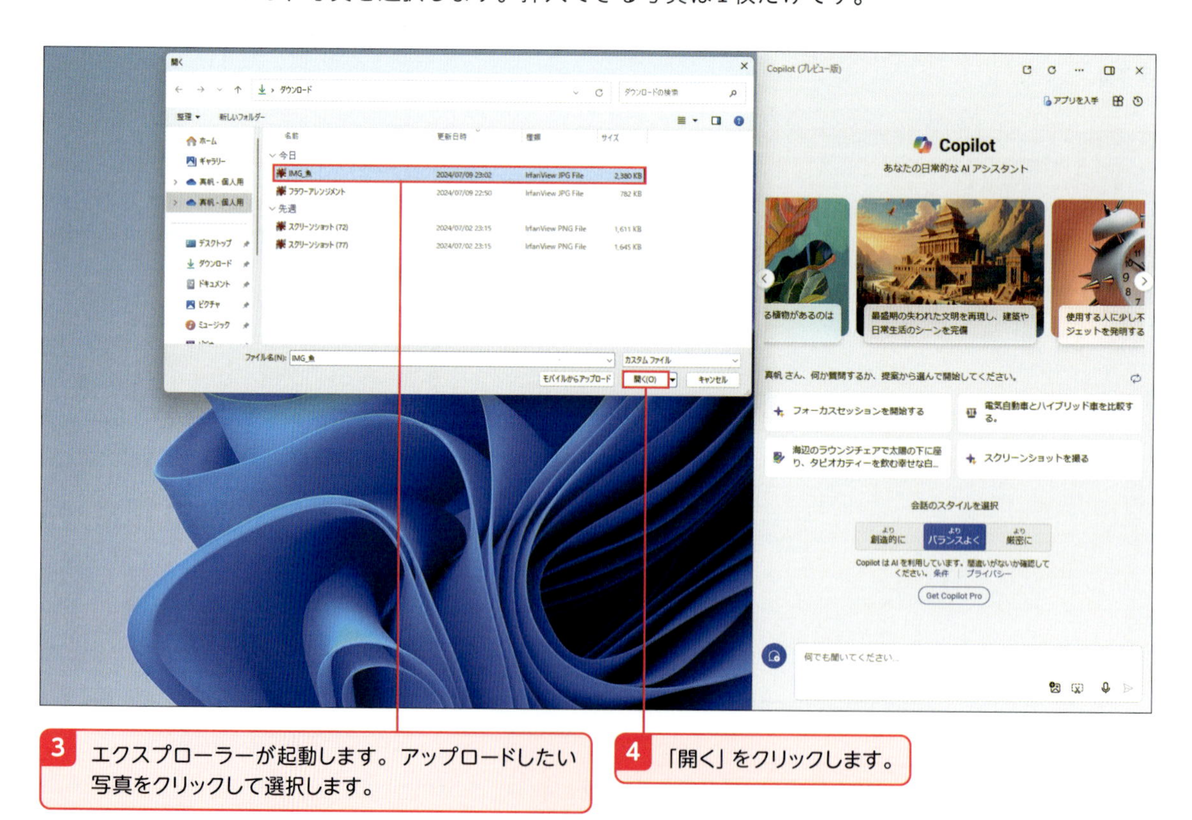

3 エクスプローラーが起動します。アップロードしたい写真をクリックして選択します。

4 「開く」をクリックします。

5 写真がプロンプト入力欄に挿入されるので、プロンプトを入力して送信します。

写真を挿入したら、プロンプトを入力します。どうしてほしいのか指示しましょう。

6 画像が生成されます。

1度に出力できる画像は、4枚までです。

COLUMN

画像生成のブースト

「ブースト」とは、画像生成の時間を短縮するための機能で、無料版と有料版で1日あたりに与えられる固定数が異なります。無料版Copilotでは15ブースト／1日、Copilot Proでは100ブースト／1日となっており、1度の画像生成で1ブーストを使用します。なお、ブーストは生成できる画像の数を意味するものではないので、1日のブーストの上限に達しても画像は生成できます。そのため、頻繁に画像生成をしない人は、無料版で充分です。

イラストから画像を生成する

生成したい画像のイメージや構図などを正確に伝えるために、手書きイラストや参考写真をプロンプトと合わせて入力することで、イメージ通りの画像が生成されやすいです。

入力

74～75ページを参考に、イラストをアップロードします。ここでは、イラストをイメージした画像を生成してもらいます。

自分
このイラストをイメージした画像を生成してください。
Copilot
応答を停止して
何でも聞いてください...

❶手書きイラストを入力します。

出力

イラストを元にした画像が生成されます。「もっと○○を追加して」「漫画風のタッチにして」と入力すると、再出力してくれます。

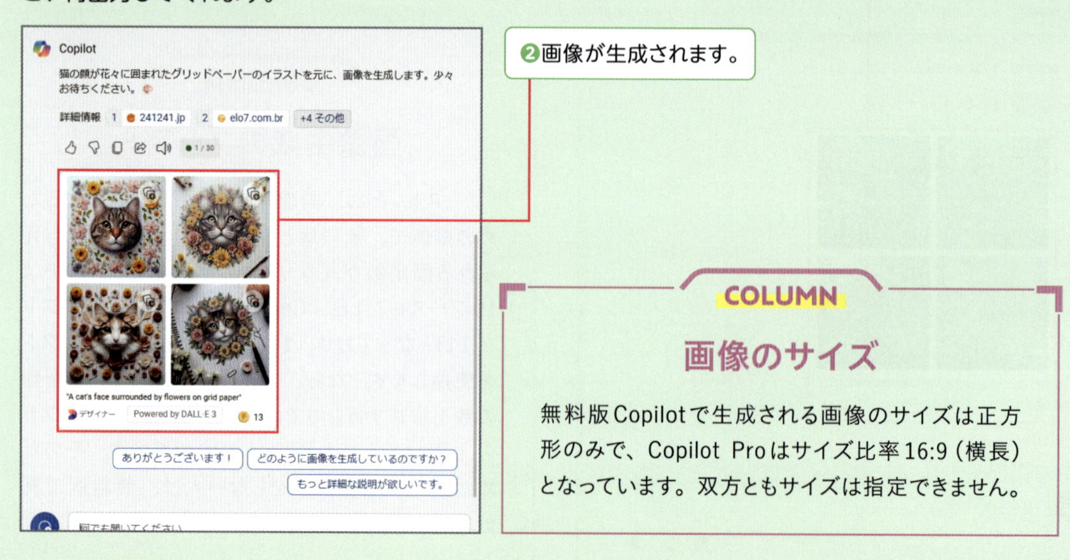

Copilot
猫の顔が花々に囲まれたグリッドペーパーのイラストを元に、画像を生成します。少々お待ちください。
詳細情報 1 241241.jp 2 elo7.com.br +4 その他
"A cat's face surrounded by flowers on grid paper"
デザイナー Powered by DALL·E 3
ありがとうございます！
どのように画像を生成しているのですか？
もっと詳細な説明が欲しいです。

❷画像が生成されます。

COLUMN
画像のサイズ

無料版Copilotで生成される画像のサイズは正方形のみで、Copilot Proはサイズ比率16:9（横長）となっています。双方ともサイズは指定できません。

作成したい内容を指定して画像を生成する

画像の内容を、具体的に指示することで、適切な画像生成が期待できます。イメージと異なる場合は、プロンプトを入力し直して、描き直してもらいましょう。

入力

「○○の挿絵にする画像」「○○がテーマの小学生向け雑誌の表紙」など、画像のテーマや雰囲気、タッチなど、明確に指示します。

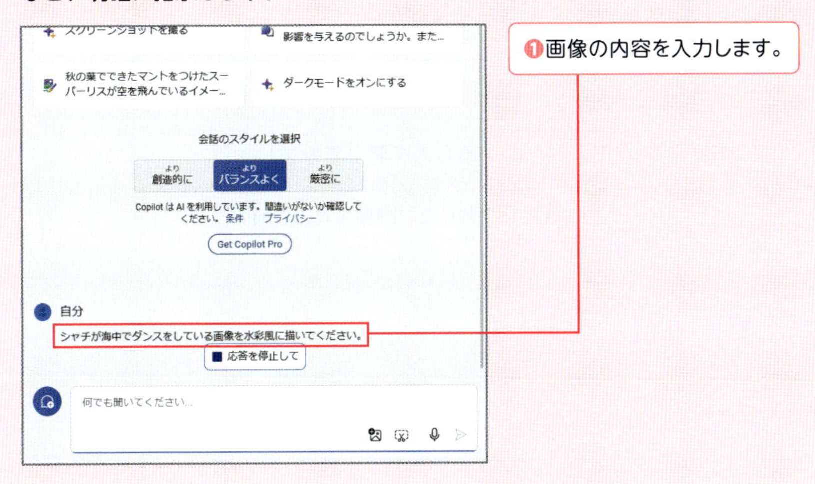

影響を与えるのでしょうか。また...
秋の葉でできたマントをつけたスーパーリスが空を飛んでいるイメー...
ダークモードをオンにする
会話のスタイルを選択
より創造的に
よりバランスよく
より厳密に
Copilot は AI を利用しています。間違いがないか確認してください。条件 プライバシー
Get Copilot Pro
自分
シャチが海中でダンスをしている画像を水彩風に描いてください。
応答を停止して
何でも聞いてください...
❶画像の内容を入力します。

出力

画像をクリックすると、Webブラウザーで拡大された画像を確認できます（79ページ参照）。

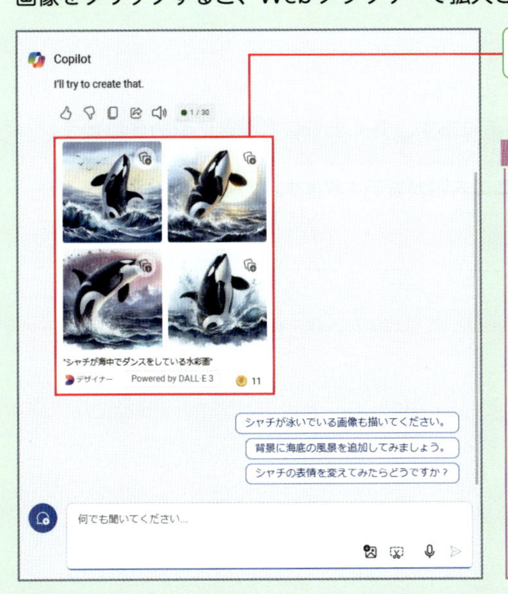

Copilot
I'll try to create that.
"シャチが海中でダンスをしている水彩画"
デザイナー
Powered by DALL·E 3
シャチが泳いでいる画像も描いてください。
背景に海底の風景を追加してみましょう。
シャチの表情を変えてみたらどうですか？
何でも聞いてください...
❷画像が生成されます。

COLUMN

画像生成における プロンプトの内容

プロンプトの内容が曖昧である場合、Copilotから「わかりやすいプロンプトを入力してください」画面が表示される場合があります。どのようなプロンプトを入力すればよいかわからない場合は、「画像生成を依頼するときのコツ」または画像を挿入して「この画像を生成したい場合、どんなプロンプトを入力すればよい？」などと聞いてみましょう。

Section

48 画像について説明してもらう

画像内の内容について知る

画像に写っている物や人が何をしている状態なのか、どのようなものなのか、といったことをCopilotは認識することができます。画像解析や内容の把握に利用できます。

入力

「この人は何をしているの？」「これは何？」など、写っているものを聞いてみましょう。

自分
この画像は、何をしているところですか。画像について説明してください。
Copilot
応答を停止して
何でも聞いてください...

❶内容を知りたい画像を入力します。

出力

Copilotによる画像解釈の内容は、間違っている場合もあります。あくまで参考程度に留めましょう。

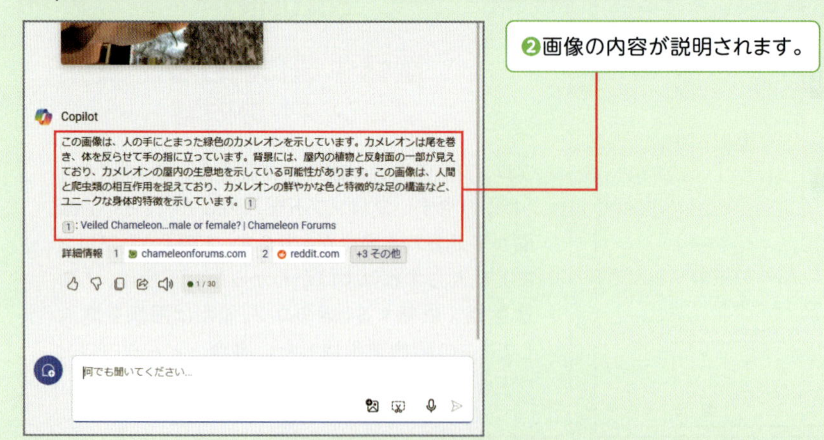
Copilot
この画像は、人の手にとまった緑色のカメレオンを示しています。カメレオンは尾を巻き、体を反らせて手の指に立っています。背景には、屋内の植物と反射面の一部が見えており、カメレオンの屋内の生息地を示している可能性があります。この画像は、人間と爬虫類の相互作用を捉えており、カメレオンの鮮やかな色と特徴的な足の構造など、ユニークな身体的特徴を示しています。1
1: Veiled Chameleon...male or female? | Chameleon Forums
詳細情報 1 chameleonforums.com 2 reddit.com +3 その他
何でも聞いてください...

❷画像の内容が説明されます。

Section
49 画像を編集する

出力した画像を編集する

Copilotは、「Image Creator from Designer」というAI画像生成ツールを使用して画像生成を行っており、Copilotを通してアクセスできます。

入力

出力された4枚の画像のうち、保存したい、もっと拡大して見たい、といった画像があった場合は、クリックします。

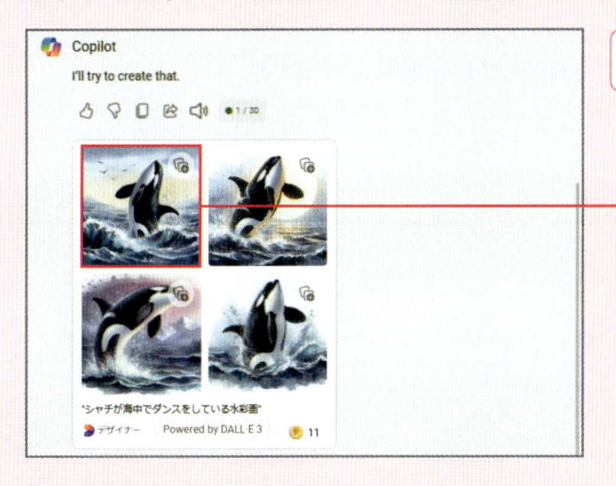
Copilot
I'll try to create that.
"シャチが海中でダンスをしている水彩画"
デザイナー Powered by DALL·E 3

❶出力された画像を1枚クリックして選択します。

出力

画像は、ダウンロードしたり編集したりして保存できます。また、画像を右クリックすることで編集メニューを表示可能です。

シャチが海中でダンスをしている水彩画

❷Microsoft Edgeで画像が開かれます。

Section
50 画像内の文字を解読してもらう

画像内の言語を解読する

読めない漢字や言語、記号などは、写真を撮影して画像を入力すればCopilotが分析してくれます。しかし、写っている文字が小さすぎたり、つぶれすぎたりしている場合は識別不可です。できるだけはっきりと読み取れる画像を入力しましょう。

入力

「この画像に書かれていている文字を抜き出して」「このマークは何？」などと聞いてみましょう。

自分
この画像のメッセージは、何語でなんと書いてあるのですか。日本語に翻訳してください。
Nos meilleurs voeux pour cet anniversaire
Copilot
応答を停止して

❶文字を解読したい画像を入力します。

出力

画像内の言語が出力されます。はっきりと読み取れていないものや、前後の文章が欠けている場合もあります。最終確認が必要です。

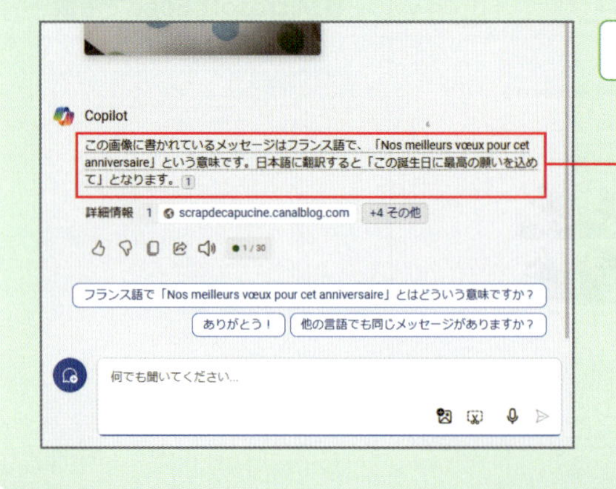
Copilot
この画像に書かれているメッセージはフランス語で、「Nos meilleurs vœux pour cet anniversaire」という意味です。日本語に翻訳すると「この誕生日に最高の願いを込めて」となります。
詳細情報 1 scrapdecapucine.canalblog.com +4 その他
フランス語で「Nos meilleurs vœux pour cet anniversaire」とはどういう意味ですか？
ありがとう！
他の言語でも同じメッセージがありますか？
何でも聞いてください...

❷解読された言語が出力されます。

Section
51 ノートブック機能を使用する

ノートブックを起動する

「ノートブック」では、最大1万8,000字のプロンプト入力と約4,000字の回答を生成できるのが最大の特徴です。「チャット」タブと同様に文章の要約や翻訳などもできますが、「チャット」タブよりも膨大な情報を一度に処理可能です。

入力

ノートブック機能はEdge Copilotでも利用可能で、使い方はほぼ同じです。

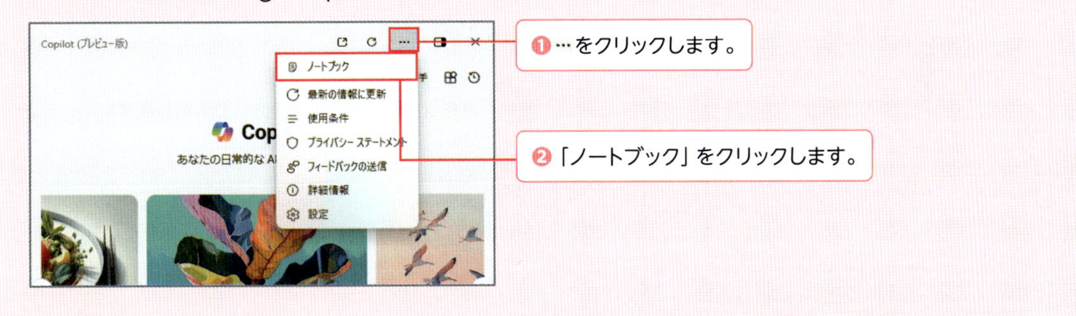

出力

画面上の欄にプロンプトを入力し、下に回答が出力されます。をクリックすると、新しいノートブックが作成されます。

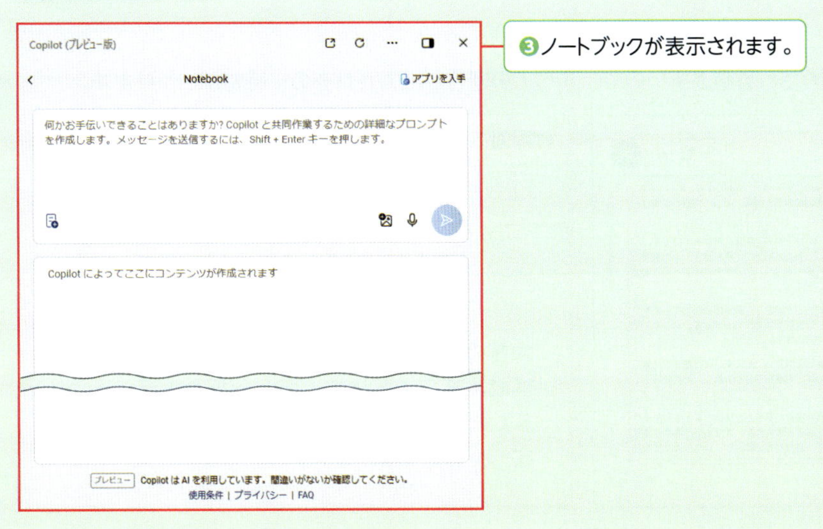

Section
52 物語文で登場人物の心情を読み取ってもらう

小説を入力して内容を解析する

ノートブックの機能として、登場人物や作者の心情、難しい描写の解説などもしてくれます。ここでは、ノートブックに小説を全文コピーして貼り付け、主人公の心情を読み取ってもらいます。

入力

ノートブックでは、Enterで改行、➤をクリックまたはShift＋Enterでプロンプトが送信されます。回答数は、30までです。

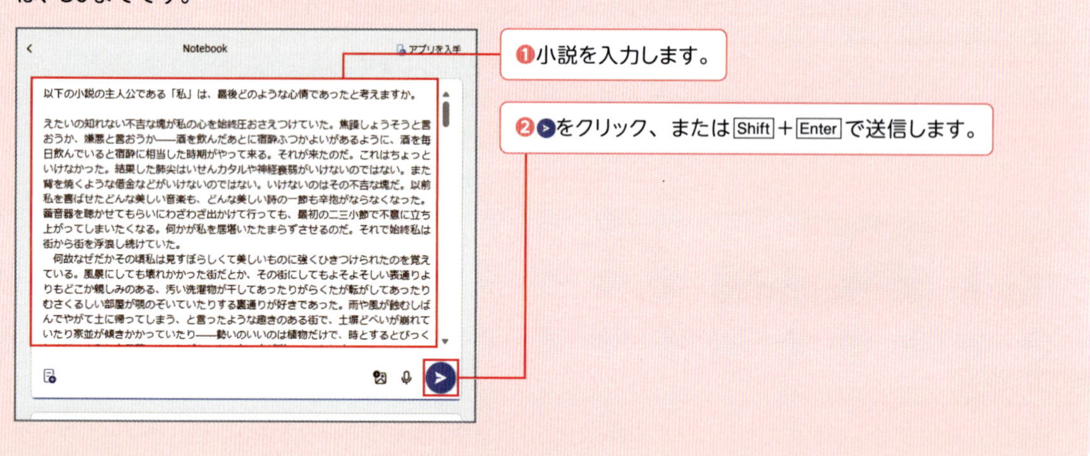
Notebook
アプリを入手
以下の小説の主人公である「私」は、最後どのような心情であったと考えますか。
えたいの知れない不吉な塊が私の心を始終圧おさえつけていた。焦躁しょうそうと言おうか、嫌悪と言おうか——酒を飲んだあとに宿酔ふつかよいがあるように、酒を毎日飲んでいると宿酔に相当した時期がやって来る。それが来たのだ。これはちょっといけなかった。結果した肺尖はいせんカタルや神経衰弱がいけないのではない。また背を焼くような借金などがいけないのではない。いけないのはその不吉な塊だ。以前私を喜ばせたどんな美しい音楽も、どんな美しい詩の一節も辛抱がならなくなった。蓄音器を聴かせてもらいにわざわざ出かけて行っても、最初の二三小節で不意に立ち上がってしまいたくなる。何かが私を居堪いたたまらずさせるのだ。それで始終私は街から街を浮浪し続けていた。
何故なぜだかその頃私は見すぼらしくて美しいものに強くひきつけられたのを覚えている。風景にしても壊れかかった街だとか、その街にしてもよそよそしい表通りよりもどこか親しみのある、汚い洗濯物が干してあったりがらくたが転がしてあったりむさくるしい部屋が覗のぞいていたりする裏通りが好きであった。雨や風が蝕むしばんでやがて土に帰ってしまう、と言ったような趣きのある街で、土塀どべいが崩れていたり家並が傾きかかっていたり——勢いのいいのは植物だけで、時とするとびっく
❶小説を入力します。
❷➤をクリック、またはShift＋Enterで送信します。

出力

読み込まれる量と、出力される量が多いので、すべての回答が出力されるのに時間がかかります。

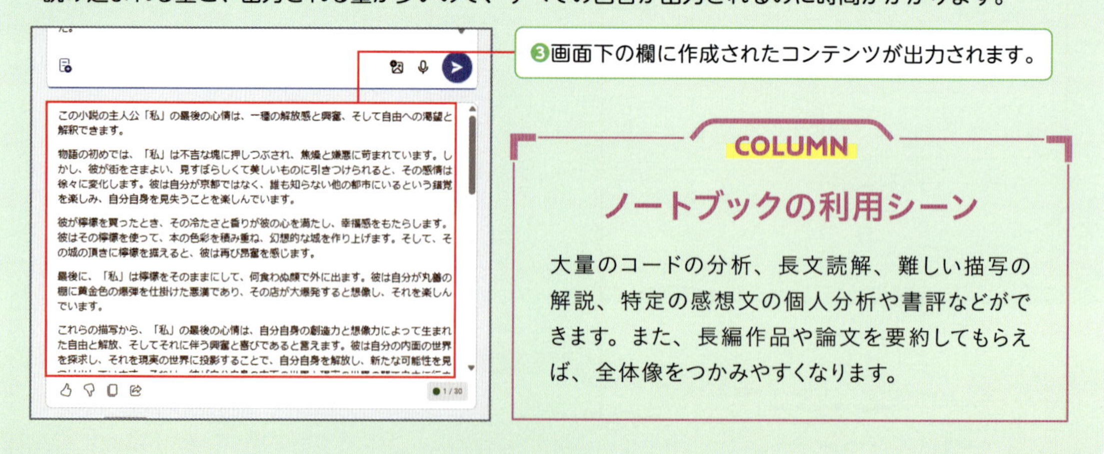
この小説の主人公「私」の最後の心情は、一種の解放感と興奮、そして自由への渇望と解釈できます。
物語の初めでは、「私」は不吉な塊に押しつぶされ、焦燥と嫌悪に苛まれています。しかし、彼が街をさまよい、見すぼらしくて美しいものに引きつけられると、その感情は徐々に変化します。彼は自分が京都ではなく、誰も知らない他の都市にいるという錯覚を楽しみ、自分自身を見失うことを楽しんでいます。
彼が檸檬を買ったとき、その冷たさと香りが彼の心を満たし、幸福感をもたらします。彼はその檸檬を使って、本の色彩を積み重ね、幻想的な城を作り上げます。そして、その城の頂きに檸檬を据えると、彼は再び興奮を感じます。
最後に、「私」は檸檬をそのままにして、何食わぬ顔で外に出ます。彼は自分が丸善の棚に黄金色の爆弾を仕掛けた悪漢であり、その店が大爆発すると想像し、それを楽しんでいます。
これらの描写から、「私」の最後の心情は、自分自身の創造力と想像力によって生まれた自由と解放、そしてそれに伴う興奮と喜びであると言えます。彼は自分の内面の世界を探求し、それを現実の世界に投影することで、自分自身を解放し、新たな可能性を見
1 / 30
❸画面下の欄に作成されたコンテンツが出力されます。

COLUMN

ノートブックの利用シーン

大量のコードの分析、長文読解、難しい描写の解説、特定の感想文の個人分析や書評などができます。また、長編作品や論文を要約してもらえば、全体像をつかみやすくなります。

第 5 章

ビジネスに活用しよう

Section

53 メールを作成してもらう

作成したい内容を指定して社内メールを作成する

メールの宛先、目的、相手への質問など具体的に指定することで、Copilotにメール文を作成してもらうことができます。出力された文面を参考にして文章を考える時間を短縮できます。

入力

ここでは、納期延長の交渉メールを作成してもらいます。

自分

弊社で作業の遅延が発生してしまったため、取引先に向けて納期延長の交渉をしたいです。メールを作成してください。

応答を停止して

何でも聞いてください...

❶作成したいメールの内容を入力します。

出力

出力されたメール文をもとに、宛先や件名などを適宜修正します。

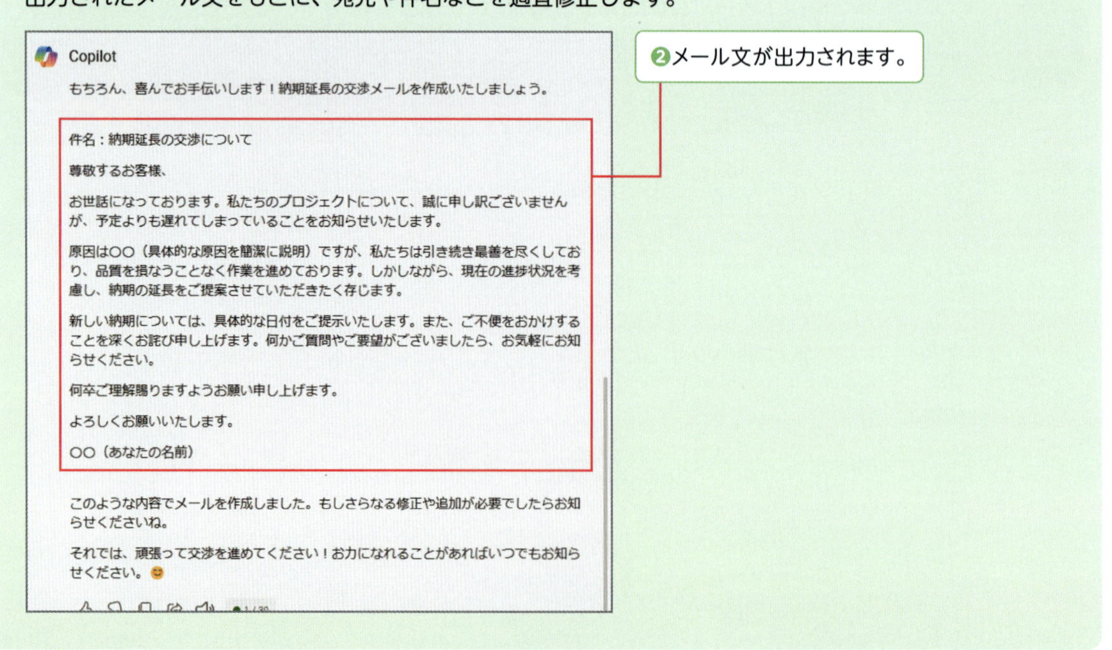

Copilot
もちろん、喜んでお手伝いします！納期延長の交渉メールを作成いたしましょう。
件名：納期延長の交渉について
尊敬するお客様、
お世話になっております。私たちのプロジェクトについて、誠に申し訳ございませんが、予定よりも遅れてしまっていることをお知らせいたします。
原因は○○（具体的な原因を簡潔に説明）ですが、私たちは引き続き最善を尽くしており、品質を損なうことなく作業を進めております。しかしながら、現在の進捗状況を考慮し、納期の延長をご提案させていただきたく存じます。
新しい納期については、具体的な日付をご提示いたします。また、ご不便をおかけすることを深くお詫び申し上げます。何かご質問やご要望がございましたら、お気軽にお知らせください。
何卒ご理解賜りますようお願い申し上げます。
よろしくお願いいたします。
○○（あなたの名前）
このような内容でメールを作成しました。もしさらなる修正や追加が必要でしたらお知らせくださいね。
それでは、頑張って交渉を進めてください！お力になれることがあればいつでもお知らせください。
❷メール文が出力されます。

営業メールのテンプレートを作成する

ビジネスメールにおいては、ある程度メール文の型が決まっているものが多々あります。会社移転の報告メールや作業の進捗確認メールなどは、例文を出力してもらいましょう。

入力

ここでは、営業メールのテンプレートを作成してもらいます。目的とサービスを指定します。

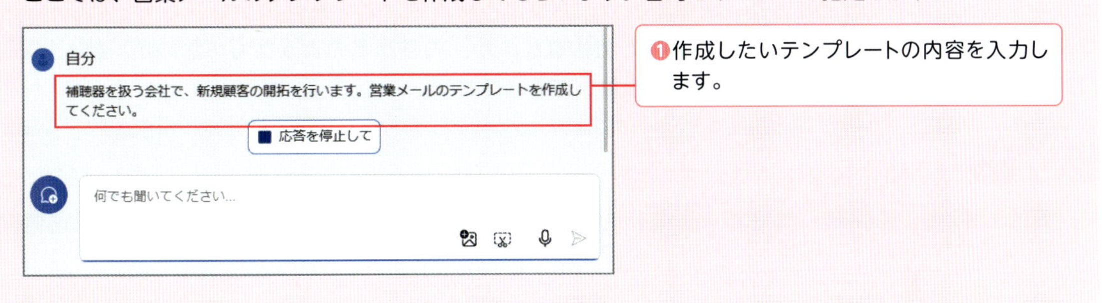
自分
補聴器を扱う会社で、新規顧客の開拓を行います。営業メールのテンプレートを作成してください。
応答を停止して
何でも聞いてください...
❶作成したいテンプレートの内容を入力します。

出力

作成されたメールには、□が表示されている場合があります。クリックすると、コピーできます。

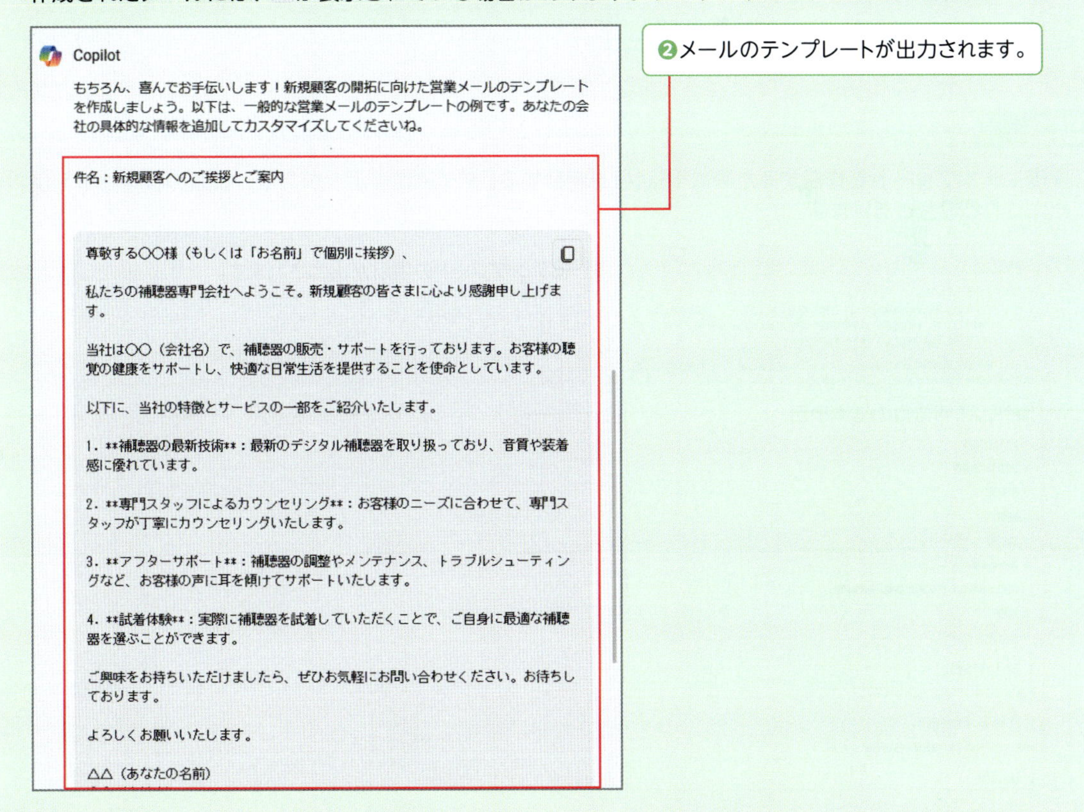
Copilot
もちろん、喜んでお手伝いします！新規顧客の開拓に向けた営業メールのテンプレートを作成しましょう。以下は、一般的な営業メールのテンプレートの例です。あなたの会社の具体的な情報を追加してカスタマイズしてくださいね。
件名：新規顧客へのご挨拶とご案内
尊敬する〇〇様（もしくは「お名前」で個別に挨拶）、
私たちの補聴器専門会社へようこそ。新規顧客の皆さまに心より感謝申し上げます。
当社は〇〇（会社名）で、補聴器の販売・サポートを行っております。お客様の聴覚の健康をサポートし、快適な日常生活を提供することを使命としています。
以下に、当社の特徴とサービスの一部をご紹介いたします。
1. **補聴器の最新技術**：最新のデジタル補聴器を取り扱っており、音質や装着感に優れています。
2. **専門スタッフによるカウンセリング**：お客様のニーズに合わせて、専門スタッフが丁寧にカウンセリングいたします。
3. **アフターサポート**：補聴器の調整やメンテナンス、トラブルシューティングなど、お客様の声に耳を傾けてサポートいたします。
4. **試着体験**：実際に補聴器を試着していただくことで、ご自身に最適な補聴器を選ぶことができます。
ご興味をお持ちいただけましたら、ぜひお気軽にお問い合わせください。お待ちしております。
よろしくお願いいたします。
△△（あなたの名前）
❷メールのテンプレートが出力されます。

Section 54

報告書のテンプレートを作成してもらう

書類のテンプレートを作成する

出張報告書、1週間の売上報告書、研修報告書、トラブル報告書などの書類のテンプレートをCopilotに作成してもらうこともできます。誰に向けた報告書なのか、内容はどのようなものなのか、挿入する項目はあるのかを指定すると、フォーマットを書いてもらえます。

入力

「海外出張の報告書のテンプレートを作成して」「店長になりきって店舗売上報告書を書いて」など、必要に応じて役割も与えて、書類のテンプレートの作成を指示します。

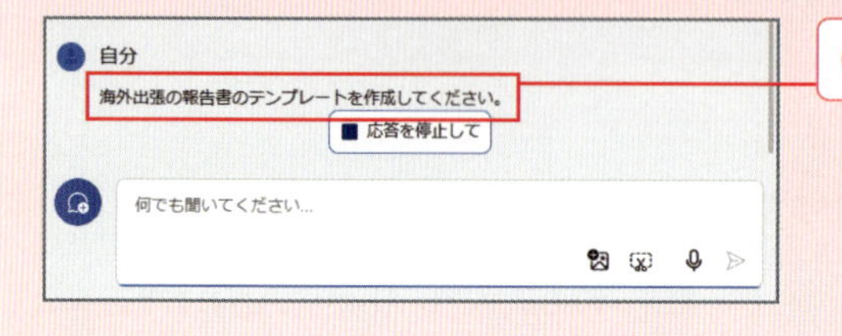

自分
海外出張の報告書のテンプレートを作成してください。
応答を停止して
何でも聞いてください...

❶作成したい書類の内容を入力します。

出力

実際にテンプレートを作成するために「Excelを起動する」ダイアログボックスや、書類の参考サイトが出力される場合もあります。

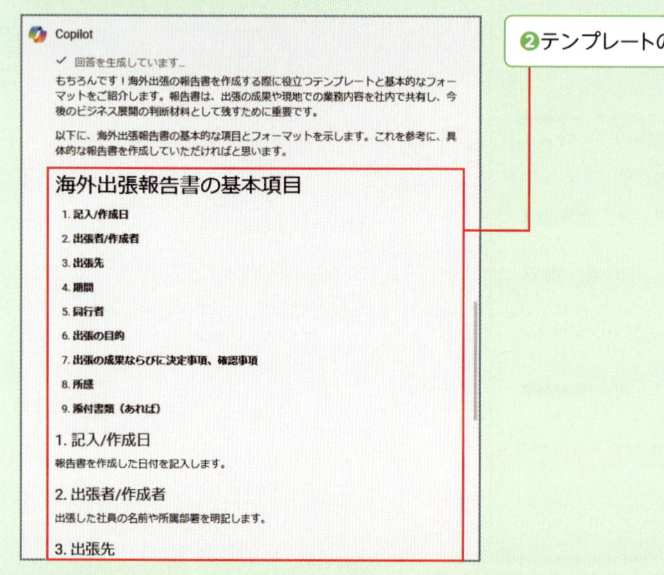

Copilot
回答を生成しています...
もちろんです！海外出張の報告書を作成する際に役立つテンプレートと基本的なフォーマットをご紹介します。報告書は、出張の成果や現地での業務内容を社内で共有し、今後のビジネス展開の判断材料として残すために重要です。
以下に、海外出張報告書の基本的な項目とフォーマットを示します。これを参考に、具体的な報告書を作成していただければと思います。
海外出張報告書の基本項目
1. 記入/作成日
2. 出張者/作成者
3. 出張先
4. 期間
5. 同行者
6. 出張の目的
7. 出張の成果ならびに決定事項、確認事項
8. 所感
9. 添付書類（あれば）
1. 記入/作成日
報告書を作成した日付を記入します。
2. 出張者/作成者
出張した社員の名前や所属部署を明記します。
3. 出張先

❷テンプレートの項目が出力されます。

Section 55 ダミーの顧客名簿を作成してもらう

ダミーデータを作成する

架空の顧客名や住所などのダミーデータの作成は、非常に面倒です。Copilotに依頼すれば、すぐに指定した数のデータを作成できます。ちょっとしたセミナーやプレゼンテーションに使うサンプルとして十分利用可能です。

入力

出力したいダミーデータの数や項目、条件などを指定します。

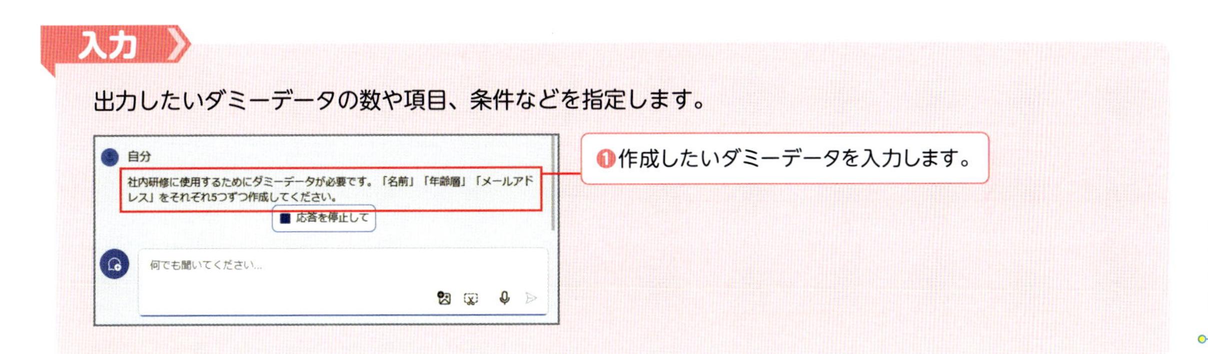
自分
社内研修に使用するためにダミーデータが必要です。「名前」「年齢層」「メールアドレス」をそれぞれ5つずつ作成してください。
応答を停止して
何でも聞いてください...
❶作成したいダミーデータを入力します。

出力

「名前」「年齢層」「メールアドレス」がそれぞれ5つずつ出力されます。「4つ追加して」「表にまとめて」など指示できます。

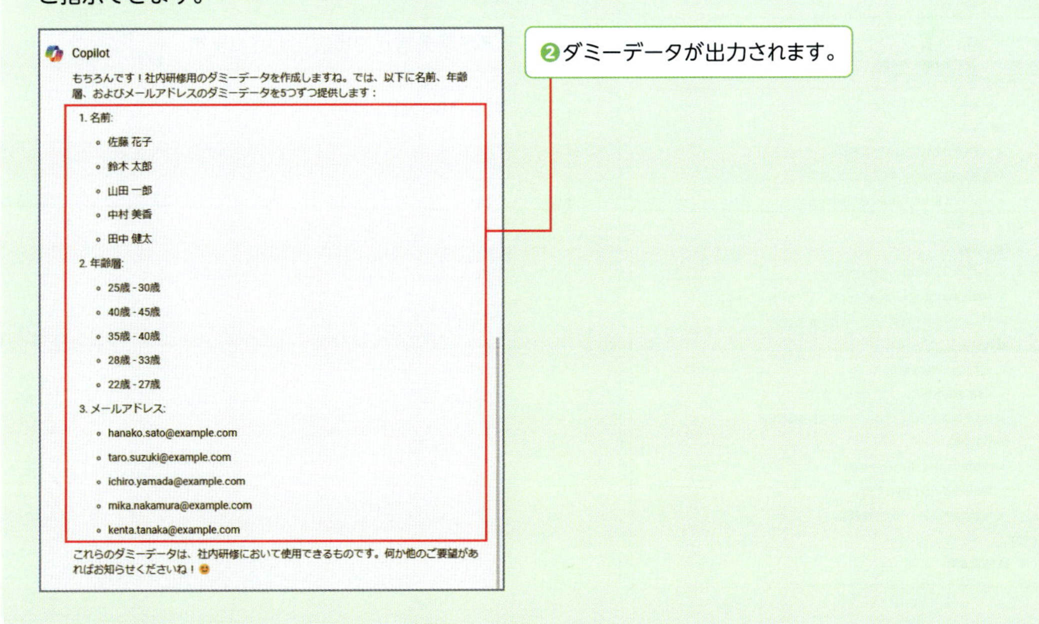
Copilot
もちろんです！社内研修用のダミーデータを作成しますね。では、以下に名前、年齢層、およびメールアドレスのダミーデータを5つずつ提供します：
1. 名前:
佐藤 花子
鈴木 太郎
山田 一郎
中村 美香
田中 健太
2. 年齢層:
25歳 - 30歳
40歳 - 45歳
35歳 - 40歳
28歳 - 33歳
22歳 - 27歳
3. メールアドレス:
hanako.sato@example.com
taro.suzuki@example.com
ichiro.yamada@example.com
mika.nakamura@example.com
kenta.tanaka@example.com
これらのダミーデータは、社内研修において使用できるものです。何か他のご要望があればお知らせくださいね！
❷ダミーデータが出力されます。

Section

56 テーマに沿ったアイデアを出してもらう

アイデアを箇条書きで出力する

ブレーンストーミングやマンダラートなど、アイデア出しの手法はたくさんありますが、アイデアが浮かばず困ったときは、Copilotにもアイデアを出してもらいましょう。別の視点を得られるはずです。

入力

目的やキーワードなど、出力してほしいアイデアの内容を箇条書きで入力します。

自分

以下の条件を参考に、YouTubeの企画案を箇条書きで出してください。
・小学生向けの教育コンテンツ
・教科は国語
・間違いを恐れずグループで問題を出し合うことがテーマ

応答を停止して

何でも聞いてください...

❶考えたいアイデアの内容を箇条書きで入力します。

出力

アイデアが出力されます。気になるアイデアがある場合は、詳細を教えてもらったり深掘りしたりして検討しましょう。

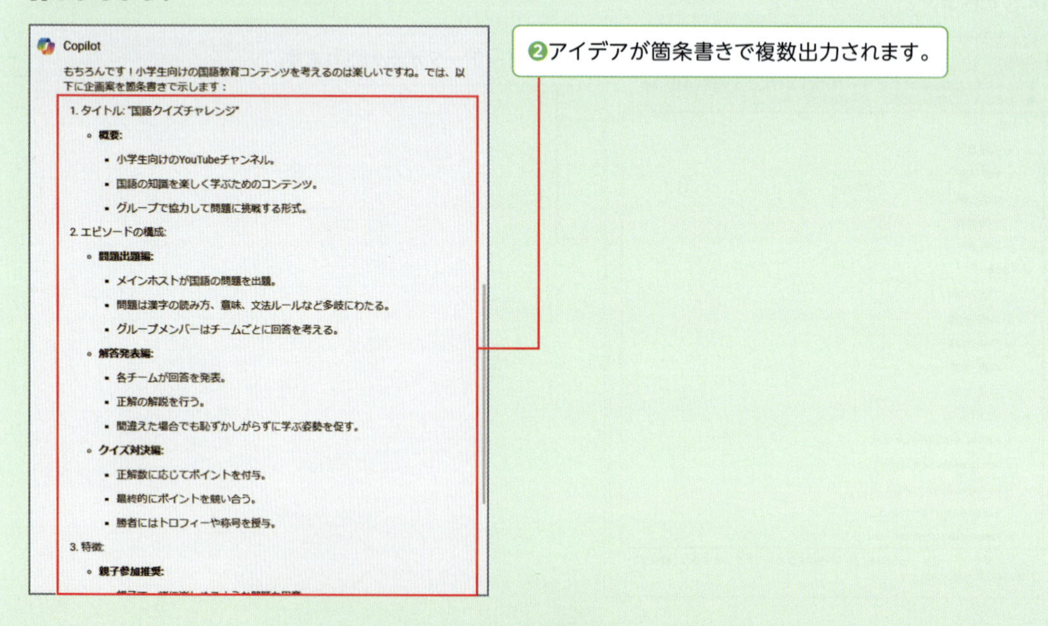
Copilot
もちろんです！小学生向けの国語教育コンテンツを考えるのは楽しいですね。では、以下に企画案を箇条書きで示します：
1. タイトル: "国語クイズチャレンジ"
概要:
小学生向けのYouTubeチャンネル。
国語の知識を楽しく学ぶためのコンテンツ。
グループで協力して問題に挑戦する形式。
2. エピソードの構成:
問題出題編:
メインホストが国語の問題を出題。
問題は漢字の読み方、意味、文法ルールなど多岐にわたる。
グループメンバーはチームごとに回答を考える。
解答発表編:
各チームが回答を発表。
正解の解説を行う。
間違えた場合でも恥ずかしがらずに学ぶ姿勢を促す。
クイズ対決編:
正解数に応じてポイントを付与。
最終的にポイントを競い合う。
勝者にはトロフィーや称号を授与。
3. 特徴:
親子参加推奨:
❷アイデアが箇条書きで複数出力されます。

実用的なアイデアを選別する

88ページのように、たくさんのアイデアを出してもらったら、その中から現実味のあるものを抽出してもらいましょう。この手法は「希望点列挙法」といい、徐々にアイデアを絞りブラッシュアップしていくことができます。

入力

「この中ですぐに実行できそうなものは？」「いちばん初期費用が安いものは？」などと入力し、アイデアを選別してもらいます。

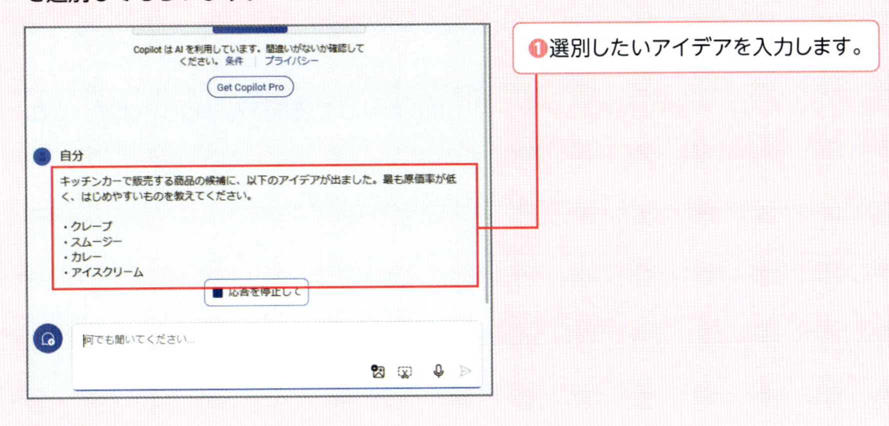

Copilot は AI を利用しています。間違いがないか確認してください。条件 | プライバシー
Get Copilot Pro
自分
キッチンカーで販売する商品の候補に、以下のアイデアが出ました。最も原価率が低く、はじめやすいものを教えてください。
・クレープ
・スムージー
・カレー
・アイスクリーム
応答を停止して
何でも聞いてください...

❶選別したいアイデアを入力します。

出力

アイデアごとに、概要やはじめやすさ、原価率などが調べられます。

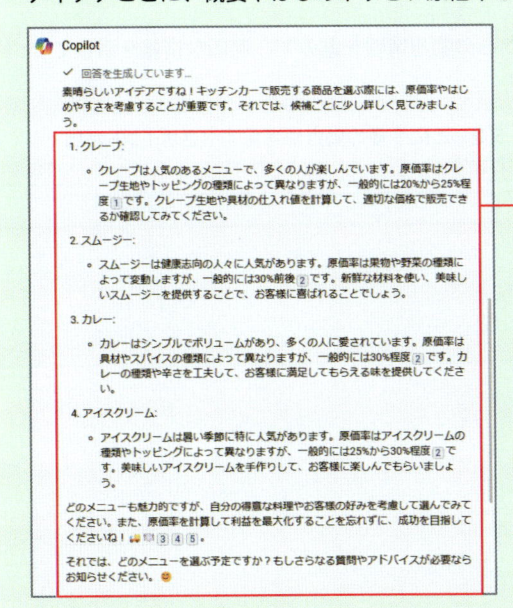

Copilot
✓ 回答を生成しています...
素晴らしいアイデアですね！キッチンカーで販売する商品を選ぶ際には、原価率やはじめやすさを考慮することが重要です。それでは、候補ごとに少し詳しく見てみましょう。
1. クレープ:
◦ クレープは人気のあるメニューで、多くの人が楽しんでいます。原価率はクレープ生地やトッピングの種類によって異なりますが、一般的には20%から25%程度 1 です。クレープ生地や具材の仕入れ値を計算して、適切な価格で販売できるか確認してみてください。
2. スムージー:
◦ スムージーは健康志向の人々に人気があります。原価率は果物や野菜の種類によって変動しますが、一般的には30%前後 2 です。新鮮な材料を使い、美味しいスムージーを提供することで、お客様に喜ばれることでしょう。
3. カレー:
◦ カレーはシンプルでボリュームがあり、多くの人に愛されています。原価率は具材やスパイスの種類によって異なりますが、一般的には30%程度 2 です。カレーの種類や辛さを工夫して、お客様に満足してもらえる味を提供してください。
4. アイスクリーム:
◦ アイスクリームは暑い季節に特に人気があります。原価率はアイスクリームの種類やトッピングによって異なりますが、一般的には25%から30%程度 2 です。美味しいアイスクリームを手作りして、お客様に楽しんでもらいましょう。
どのメニューも魅力的ですが、自分の得意な料理やお客様の好みを考慮して選んでみてください。また、原価率を計算して利益を最大化することを忘れずに、成功を目指してくださいね！ 3 4 5。
それでは、どのメニューを選ぶ予定ですか？もしさらなる質問やアドバイスが必要ならお知らせください。

❷アイデアごとの概要やはじめやすさ、原価率などが出力されます。

COLUMN

アイデアを実行する

気になるアイデアがあったら、「○○に決めた、最初に何をすればよい?」「販売するまでの手順をステップバイステップで教えて」などと入力すると、アドバイスをもらえます。

Section 57 過去のデータから今後の動きを予測してもらう

データから未来を予測する

過去の売上達成率の変化や、予算などのデータをまとめて入力すると、Copilotが現状を読み取り、Web検索機能を用いて、改善案やポイントなどの情報を提供してくれます。

入力

データをテキストで打ち込んだり、まとめた画像をアップロードしたりして読み込んでもらいます。ここでは、書店の売上額を入力します。

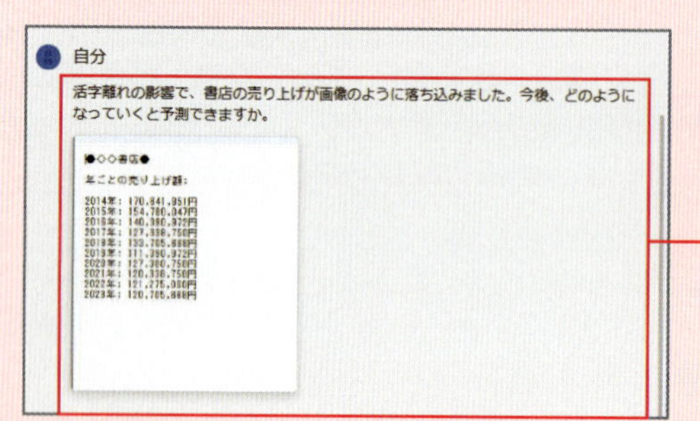
自分
活字離れの影響で、書店の売り上げが画像のように落ち込みました。今後、どのようになっていくと予測できますか。
●◇◇書店●
年ごとの売り上げ額:

❶過去のデータを入力します。

出力

未来を予測するのには限界があります。データとWebからの関連情報を鑑みて、適切な情報を示してくれます。

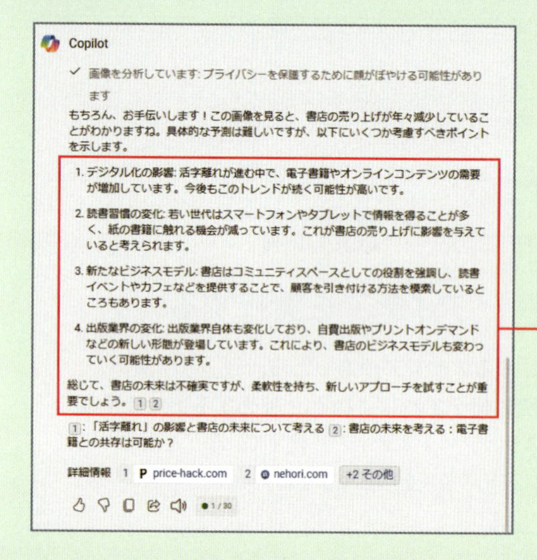
Copilot
画像を分析しています: プライバシーを保護するために顔がぼやける可能性があります
もちろん、お手伝いします！この画像を見ると、書店の売り上げが年々減少していることがわかりますね。具体的な予測は難しいですが、以下にいくつか考慮すべきポイントを示します。
1. デジタル化の影響: 活字離れが進む中で、電子書籍やオンラインコンテンツの需要が増加しています。今後もこのトレンドが続く可能性が高いです。
2. 読書習慣の変化: 若い世代はスマートフォンやタブレットで情報を得ることが多く、紙の書籍に触れる機会が減っています。これが書店の売り上げに影響を与えていると考えられます。
3. 新たなビジネスモデル: 書店はコミュニティスペースとしての役割を強調し、読書イベントやカフェなどを提供することで、顧客を引き付ける方法を模索しているところもあります。
4. 出版業界の変化: 出版業界自体も変化しており、自費出版やプリントオンデマンドなどの新しい形態が登場しています。これにより、書店のビジネスモデルも変わっていく可能性があります。
総じて、書店の未来は不確実ですが、柔軟性を持ち、新しいアプローチを試すことが重要でしょう。1 2
1:「活字離れ」の影響と書店の未来について考える 2: 書店の未来を考える：電子書籍との共存は可能か？
詳細情報 1 price-hack.com 2 nehori.com +2 その他
1 / 30

❷データをもとに今後の動きや考慮すべきポイントが出力されます。

Section

58 サービスや商品のキャッチコピーを考えてもらう

キャッチコピーを考える

企業で取り扱うサービスや商品は、消費者に「使ってみたい」「どのようなものか気になる」と思わせるようなキャッチーな宣伝文句を考える必要があります。Copilotに手伝ってもらいましょう。

入力

キャッチコピーのイメージや、アピールポイント、特徴などを入力し、適切なものを考えてもらいます。

自分

24時間対応のニンニク抜き冷凍餃子の無人販売所を経営しています。安さと手軽さをアピールするためにキャッチコピーを考えてください。

応答を停止して

何でも聞いてください...

❶考えたいキャッチコピーの内容を入力します。

出力

キャッチコピーが出力されます。イメージに合わない場合は、別のキャッチコピーを考えてもらったり、キーワードを追加したりして再度アイデアを出してもらいます。

Copilot

もちろん、喜んでお手伝いします！冷凍餃子の無人販売所のキャッチコピーを考えるのは楽しいですね。さて、いくつかアイデアをシェアしますね：

1. 「餃子の魔法、ここにあり！」
   - このキャッチコピーは、手軽さと美味しさを強調しています。魔法のように簡単に食べられる餃子をイメージさせます。
2. 「24時間、餃子のオアシス」
   - お客様がいつでも餃子を手に入れられる場所として、無人販売所をオアシスにたとえてみました。
3. 「餃子の夜明け、いつでもどこでも」
   - 24時間営業という利便性を強調し、餃子がいつでも手に入ることをアピールしています。
4. 「冷凍餃子のワンダーランド」
   - ワクワク感を演出し、お客様にとって餃子の世界が広がっているようなイメージです。

どれか気に入ったものはありますか？それとも別のアイデアが浮かんできましたか？もしさらなるアシストが必要ならお知らせくださいね！✨

1 / 30

「餃子の夜明け、いつでもどこでも」が気に入りました！

もう少しアイデアを教えてください。

別のキャッチコピーを考えてみましょうか？

何でも聞いてください...

❷キャッチコピーの候補が出力されます。

Section
59 編集部の採用広告を作成してもらう

採用広告の書き方を知る

採用広告とは、企業が新しい人材の獲得を目的として作成した広告のことです。「求人広告」と呼ぶこともあります。広告を作成する際のポイントや、アドバイスをもらい、有効に活用することができます。

入力

募集条件や待遇など、記載したい内容を箇条書きで入力すれば、出力時に書き出されます。

自分

雑誌編集経験者へ向けて求人情報サイトに掲載する用に、採用広告を作成してください。

応答を停止して

何でも聞いてください...

❶作成したい採用広告の内容を入力します。

出力

採用広告の記入例が出力されます。

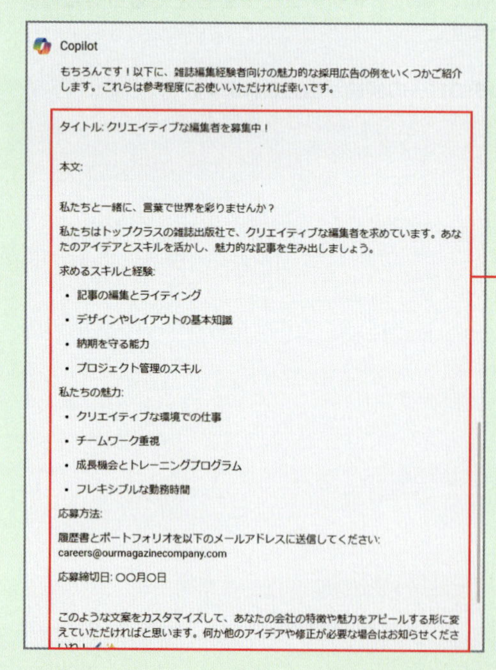
Copilot
もちろんです！以下に、雑誌編集経験者向けの魅力的な採用広告の例をいくつかご紹介します。これらは参考程度にお使いいただければ幸いです。
タイトル: クリエイティブな編集者を募集中！
本文:
私たちと一緒に、言葉で世界を彩りませんか？
私たちはトップクラスの雑誌出版社で、クリエイティブな編集者を求めています。あなたのアイデアとスキルを活かし、魅力的な記事を生み出しましょう。
求めるスキルと経験:
• 記事の編集とライティング
• デザインやレイアウトの基本知識
• 納期を守る能力
• プロジェクト管理のスキル
私たちの魅力:
• クリエイティブな環境での仕事
• チームワーク重視
• 成長機会とトレーニングプログラム
• フレキシブルな勤務時間
応募方法:
履歴書とポートフォリオを以下のメールアドレスに送信してください:
careers@ourmagazinecompany.com
応募締切日: ○○月○日
このような文案をカスタマイズして、あなたの会社の特徴や魅力をアピールする形に変えていただければと思います。何か他のアイデアや修正が必要な場合はお知らせください

❷採用広告の記入例が出力されます。

COLUMN
採用広告の文章を整える

「もう少し堅いイメージで」「SNSに投稿する用に書き直して」などと入力していき、型を整えていきます。

Section

60 マニュアルを作成してもらう

マニュアルを作成する

新人研修やクレーム対応などを行う際は、マニュアルがあると便利です。だいたいの一連の流れや解決までの方法がわかります。ここでは、電話対応マニュアルの一例を教えてもらいます。

入力

目的の内容や知りたいノウハウを指定して、「例を出して」「流れを教えて」などと入力します。

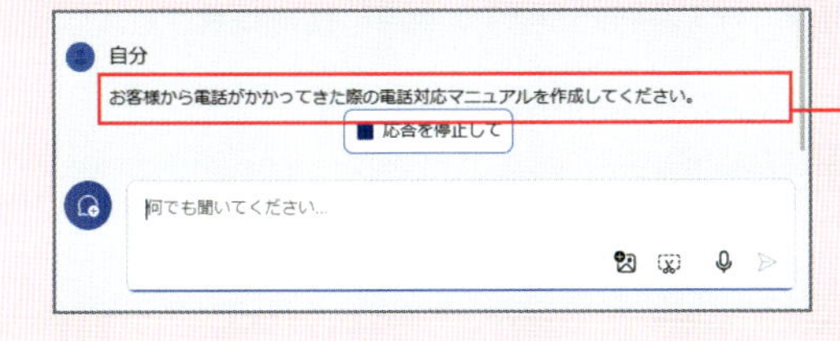
自分
お客様から電話がかかってきた際の電話対応マニュアルを作成してください。
応答を停止して
何でも聞いてください...

❶作成したいマニュアルの内容を入力します。

出力

マニュアルを作成する際の考慮するポイントが出力される場合もあります。そのようなときは、ポイントを参考に実際に作成してみましょう。

Copilot

もちろんです！以下に電話対応マニュアルの一例を示しますね。この例は、一般的なシナリオに基づいていますが、具体的な業務内容に合わせてカスタマイズしてください。

電話対応マニュアルの例

1. 挨拶と自己紹介
   - 電話を受けたら、明るく挨拶しましょう。
   - 自分の名前と所属を伝えて、相手に安心感を与えます。
     - 例:「こんにちは、ABC株式会社の山田と申します。」
2. 相手の要件を聞く
   - 丁寧に相手の要件を聞きましょう。
   - 具体的な質問をすることで、的確な対応ができます。
     - 例:「お手伝いできることは何でしょうか？」
3. メモを取る
   - 重要な情報をメモに記録しておきましょう。
   - 相手の名前、問題の内容、対応した日時などを記録します。
4. 解決策を提案する
   - 問題が明確になったら、適切な解決策を提案しましょう。
   - 必要な手続きやアクションをわかりやすく説明します。
     - 例:「それでは、次のステップをご案内いたします。」
5. 感謝の意を伝える
   - 電話が終了する際には、相手に感謝の意を伝えましょう。

❷マニュアルの一例が出力されます。

Section 61 レイアウトを考えてもらう

効果的なレイアウトを作成するポイントを考える

図やテキストの配置場所によって、画面の情報の見やすさの向上やインパクトを与えることに繋がります。例えば、名刺や公式ホームページなどのレイアウトのポイントを考えてもらい、より一層好印象を与える方法を考えてもらうことができます。

入力

効果的なレイアウトを教えてもらいます。作成したいレイアウトの目的や内容を簡潔に指定します。

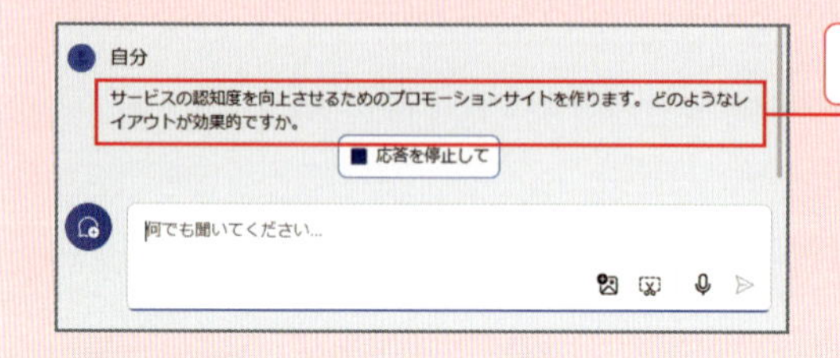

自分
サービスの認知度を向上させるためのプロモーションサイトを作ります。どのようなレイアウトが効果的ですか。
応答を停止して
何でも聞いてください...

❶考えたいレイアウトの内容を入力します。

出力

レイアウトを作成する際のアドバイスや検討事項が出力されます。

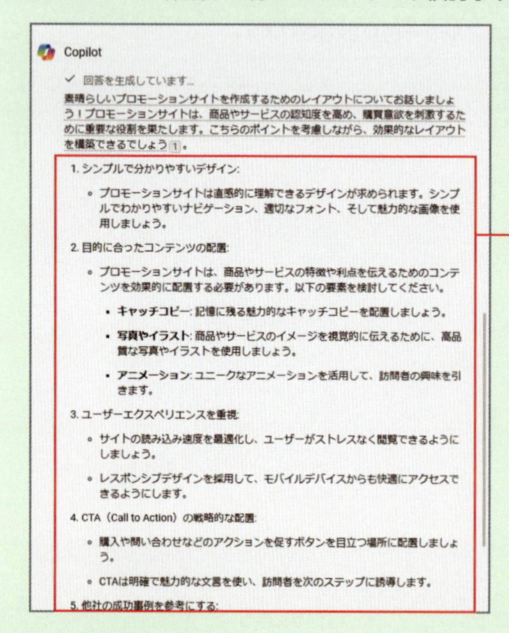

Copilot
回答を生成しています...
素晴らしいプロモーションサイトを作成するためのレイアウトについてお話しましょう！プロモーションサイトは、商品やサービスの認知度を高め、購買意欲を刺激するために重要な役割を果たします。こちらのポイントを考慮しながら、効果的なレイアウトを構築できるでしょう 1 。
1. シンプルで分かりやすいデザイン:
プロモーションサイトは直感的に理解できるデザインが求められます。シンプルでわかりやすいナビゲーション、適切なフォント、そして魅力的な画像を使用しましょう。
2. 目的に合ったコンテンツの配置:
プロモーションサイトは、商品やサービスの特徴や利点を伝えるためのコンテンツを効果的に配置する必要があります。以下の要素を検討してください。
キャッチコピー: 記憶に残る魅力的なキャッチコピーを配置しましょう。
写真やイラスト: 商品やサービスのイメージを視覚的に伝えるために、高品質な写真やイラストを使用しましょう。
アニメーション: ユニークなアニメーションを活用して、訪問者の興味を引きます。
3. ユーザーエクスペリエンスを重視:
サイトの読み込み速度を最適化し、ユーザーがストレスなく閲覧できるようにしましょう。
レスポンシブデザインを採用して、モバイルデバイスからも快適にアクセスできるようにします。
4. CTA（Call to Action）の戦略的な配置:
購入や問い合わせなどのアクションを促すボタンを目立つ場所に配置しましょう。
CTAは明確で魅力的な文言を使い、訪問者を次のステップに誘導します。
5. 他社の成功事例を参考にする:

❷レイアウトを作成する際のポイントが出力されます。

> **COLUMN**
>
> **魅力的なレイアウトを考える**
>
> 「どのようなデザインがよい?」「画像の配置はどこがよい?」などと追加で入力し、効果的なレイアウトを教えてもらうことができます。

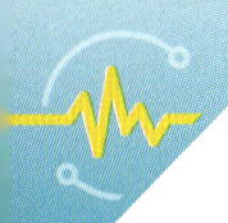

Section 62 ディスカッションの相手になってもらう

意見交換を行う

Copilotにディスカッションの命題と役割を与えて、意見交換をすることができます。質問をしてもらったり出力される情報に関してさらに詳しく聞いてみたりして、シミュレーションしましょう。

入力

ここでは、ドローン配達の実用化に関する課題や現状についての意見を聞きます。

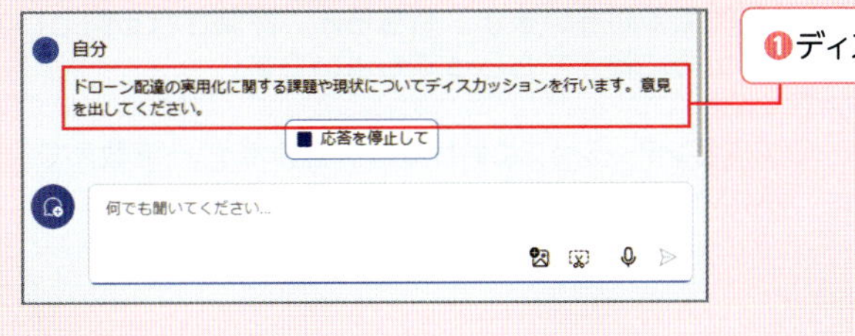
自分
ドローン配達の実用化に関する課題や現状についてディスカッションを行います。意見を出してください。
応答を停止して
何でも聞いてください...

❶ディスカッションの内容を入力します。

出力

ディスカッションになるような意見が出力されます。

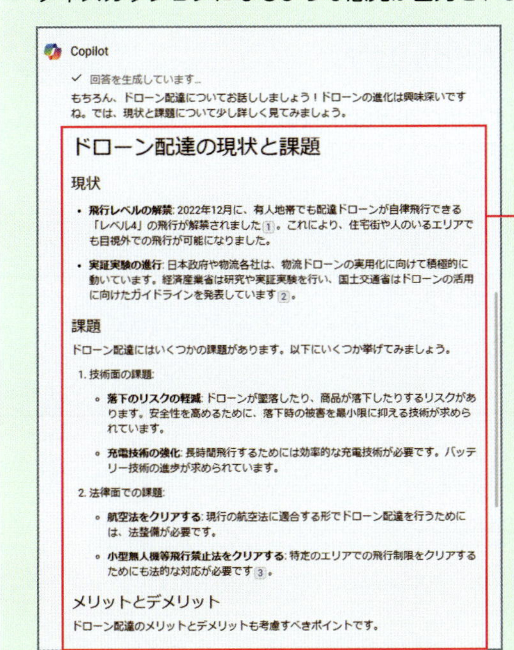
Copilot
回答を生成しています...
もちろん、ドローン配達についてお話ししましょう！ドローンの進化は興味深いですね。では、現状と課題について少し詳しく見てみましょう。
ドローン配達の現状と課題
現状
飛行レベルの解禁: 2022年12月に、有人地帯でも配達ドローンが自律飛行できる「レベル4」の飛行が解禁されました 1 。これにより、住宅街や人のいるエリアでも目視外での飛行が可能になりました。
実証実験の進行: 日本政府や物流各社は、物流ドローンの実用化に向けて積極的に動いています。経済産業省は研究や実証実験を行い、国土交通省はドローンの活用に向けたガイドラインを発表しています 2 。
課題
ドローン配達にはいくつかの課題があります。以下にいくつか挙げてみましょう。
1. 技術面の課題:
落下のリスクの軽減: ドローンが墜落したり、商品が落下したりするリスクがあります。安全性を高めるために、落下時の被害を最小限に抑える技術が求められています。
充電技術の強化: 長時間飛行するためには効率的な充電技術が必要です。バッテリー技術の進歩が求められています。
2. 法律面での課題:
航空法をクリアする: 現行の航空法に適合する形でドローン配達を行うためには、法整備が必要です。
小型無人機等飛行禁止法をクリアする: 特定のエリアでの飛行制限をクリアするためにも法的な対応が必要です 3 。
メリットとデメリット
ドローン配達のメリットとデメリットも考慮すべきポイントです。

❷ドローン配達の現状や課題について出力されます。

COLUMN

さらに意見を引き出す

「課題のリスクを軽減するために、どのような方法がよいと思う?」「私はこう思うのだけれど、どう思う?」などと続けて入力し、ディスカッションを継続します。

Section

63 プレゼンテーションの評価ポイントを教えてもらう

プレゼンテーションの評価ポイントを知る

採用側として面接をするときの基本的な評価基準や、プレゼンテーションを採点する側としての評価ポイントなどを教えてもらいましょう。ここでは、プレゼンテーションを評価する側として、どのようなポイントを押さえればよいかを聞きます。

入力

ここでは、プレゼンテーションの評価ポイントについて教えてもらいます。もちろん、評価される側として、する側がどのようなポイントを見ているのかを知るために教えてもらってもよいです。

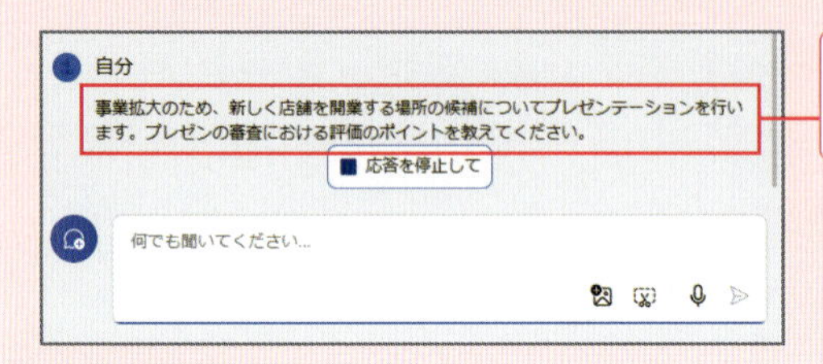

自分
事業拡大のため、新しく店舗を開業する場所の候補についてプレゼンテーションを行います。プレゼンの審査における評価のポイントを教えてください。
応答を停止して
何でも聞いてください...

❶プレゼンテーションにおける、評価のポイントを教えてほしいことを入力します。

出力

ポイントごとにどのような部分を意識して評価すればよいかがわかります。

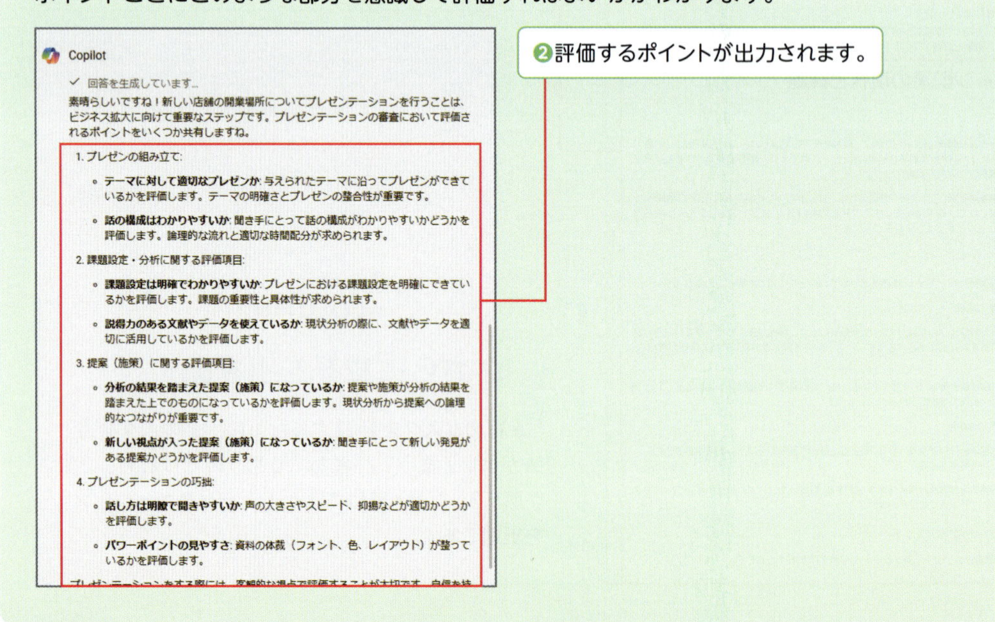

Copilot
回答を生成しています...
素晴らしいですね！新しい店舗の開業場所についてプレゼンテーションを行うことは、ビジネス拡大に向けて重要なステップです。プレゼンテーションの審査において評価されるポイントをいくつか共有しますね。
1. プレゼンの組み立て:
テーマに対して適切なプレゼンか: 与えられたテーマに沿ってプレゼンができているかを評価します。テーマの明確さとプレゼンの整合性が重要です。
話の構成はわかりやすいか: 聞き手にとって話の構成がわかりやすいかどうかを評価します。論理的な流れと適切な時間配分が求められます。
2. 課題設定・分析に関する評価項目:
課題設定は明確でわかりやすいか: プレゼンにおける課題設定を明確にできているかを評価します。課題の重要性と具体性が求められます。
説得力のある文献やデータを使えているか: 現状分析の際に、文献やデータを適切に活用しているかを評価します。
3. 提案（施策）に関する評価項目:
分析の結果を踏まえた提案（施策）になっているか: 提案や施策が分析の結果を踏まえた上でのものになっているかを評価します。現状分析から提案への論理的なつながりが重要です。
新しい視点が入った提案（施策）になっているか: 聞き手にとって新しい発見がある提案かどうかを評価します。
4. プレゼンテーションの巧拙:
話し方は明瞭で聞きやすいか: 声の大きさやスピード、抑揚などが適切かどうかを評価します。
パワーポイントの見やすさ: 資料の体裁（フォント、色、レイアウト）が整っているかを評価します。

❷評価するポイントが出力されます。

Section

64 文章を採点してもらう

採点基準を設けて文章を採点する

Copilotは、コンテンツを批評することができます。具体的な採点基準を設けることで、それに沿った評価をしてくれます。なお、長文の論文や報告書などは、ノートブック（81ページ参照）を使って評価してもらいましょう。

入力

採点したい文章と採点基準を指定します。それぞれ5段階で評価してもらいます。

自分

以下の小論文を「文章表現力」「客観性」「論理的思考」「独創性」の4つの採点基準を用いてそれぞれ5段階で採点してください。

一般的に伝統と聞くと、当然のように「遠い昔から受け継がれてきたもの」だとイメージすることが多い。(エリック・ホブズウム、テレンス・レンジャー 創られた伝統 1992 文化人類学叢書)しかし中には、歴史は浅いが固有の伝統として位置づけられているものも多く存在する。ここでは、ホブズボウムらの主張を踏まえつつ、実際に我々の身の周りにはどのような伝統が創られ、定着していったのかを明らかにしていく。具体的な例の一つに初詣という日本文化がある。現在は、年明けに行われる神社や寺院での参拝として広く知られているが、元来はそのような風習はなく別物だった。だが、明治時代の急速な近代化による経済成長で社会と人々の生活スタイルは大きく変わった。旧来の文化が崩れると同時に様々なものが生み出されたのだ。そこで交通機関の発達における鉄道会社の一種の集客目的として旧来の風習が使われた。つまり初詣という伝統は鉄道普及と結び付け正化されていき、新しい「国民的行事」として定着したのだ。(平山昇 初詣の社会史 2005 東京大学出版会)これこそ日本の創られた伝統の一例である。このように伝統は人々や企業によって創られていったのである。営利的な情報に惑わされることなく、そこに含まれる意図をくみ取ることが必要なのかも知れない。

応答を停止して

❶採点したい文章を入力します。

出力

指定した採点基準ごとに批評コメントが出力されます。照らし合わせてみましょう。

Copilot

もちろん、喜んでお手伝いします！この小論文について、それぞれの採点基準に基づいて評価してみましょう。

1. 文章表現力:
   - この小論文は、比較的明確で読みやすい文章で構成されています。複雑な言葉や冗長な表現は避けられており、読者にとって分かりやすいです。**4段階**と評価します。
2. 客観性:
   - 著者は、伝統について客観的に議論しています。エリック・ホブズウムとテレンス・レンジャーの研究を引用しつつ、日本の初詣の例を具体的に挙げています。感情的な偏りは見当たりません。**5段階**と評価します。
3. 論理的思考:
   - 著者は、初詣がどのように創られ、定着したのかを論理的に説明しています。歴史的背景と社会的文脈を考慮し、鉄道会社の集客目的と初詣の結びつきを示しています。**5段階**と評価します。
4. 独創性:
   - この小論文は、新たな視点を提供しているわけではありませんが、初詣の例を通じて伝統の創造について考察している点で一定の独創性があります。**3段階**と評価します。

総合的に見て、この小論文は良くまとめられており、客観的な視点から伝統の創造について考えています。総合評価は、4段階となります。素晴らしい論文ですね！もしさらなる質問や詳細な議論があればお気軽にお聞きください。😊

❷指定した評価基準に基づいた結果が出力されます。

Section

65 文章を比較して採点してもらう

文章を比較して採点する

Copilotでは、入力した複数の文章を認識して比較することができます。新たな視点や意見などを知りたいときは利用してみましょう。

入力

ここでは、2つのトラブル報告書のうち、どちらが客観的で詳細かを判断してもらいます。

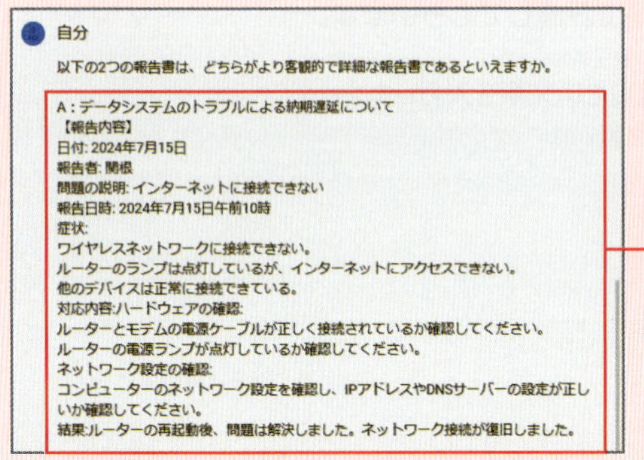
自分
以下の2つの報告書は、どちらがより客観的で詳細な報告書であるといえますか。
A：データシステムのトラブルによる納期遅延について
【報告内容】
日付: 2024年7月15日
報告者: 関根
問題の説明: インターネットに接続できない
報告日時: 2024年7月15日午前10時
症状:
ワイヤレスネットワークに接続できない。
ルーターのランプは点灯しているが、インターネットにアクセスできない。
他のデバイスは正常に接続できている。
対応内容:ハードウェアの確認:
ルーターとモデムの電源ケーブルが正しく接続されているか確認してください。
ルーターの電源ランプが点灯しているか確認してください。
ネットワーク設定の確認:
コンピューターのネットワーク設定を確認し、IPアドレスやDNSサーバーの設定が正しいか確認してください。
結果:ルーターの再起動後、問題は解決しました。ネットワーク接続が復旧しました。

❶2つの報告書を入力します。

出力

結果が出力されます。「どのように採点した？」「よりテーマに沿っているのは？」「理由も添えて教えて」などと入力すると、評価された過程がわかります。

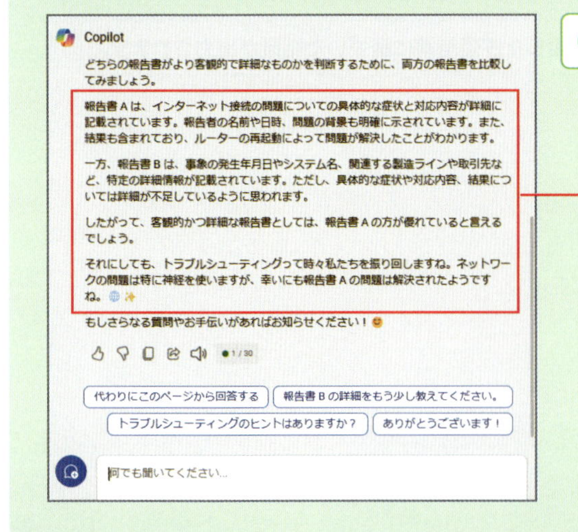
Copilot
どちらの報告書がより客観的で詳細なものかを判断するために、両方の報告書を比較してみましょう。
報告書Aは、インターネット接続の問題についての具体的な症状と対応内容が詳細に記載されています。報告者の名前や日時、問題の背景も明確に示されています。また、結果も含まれており、ルーターの再起動によって問題が解決したことがわかります。
一方、報告書Bは、事象の発生年月日やシステム名、関連する製造ラインや取引先など、特定の詳細情報が記載されています。ただし、具体的な症状や対応内容、結果については詳細が不足しているように思われます。
したがって、客観的かつ詳細な報告書としては、報告書Aの方が優れていると言えるでしょう。
それにしても、トラブルシューティングって時々私たちを振り回しますね。ネットワークの問題は特に神経を使いますが、幸いにも報告書Aの問題は解決されたようですね。
もしさらなる質問やお手伝いがあればお知らせください！
1 / 30
代わりにこのページから回答する
報告書Bの詳細をもう少し教えてください。
トラブルシューティングのヒントはありますか？
ありがとうございます！
何でも聞いてください...

❷指定した採点基準に基づいた結果が出力されます。

Section 66

プログラミングコードを書いてもらう

プログラミングコードを作成する

プログラミングとは、コンピューターに命令、指示するための言語の規則に基づいて処理を記述することです。Webアプリやホームページなどを作成できるコードをCopilotに指示して書いてもらうことができます。

入力

どのようなコードを作成してもらいたいか入力します。作成するためのステップが出力されることもあります。

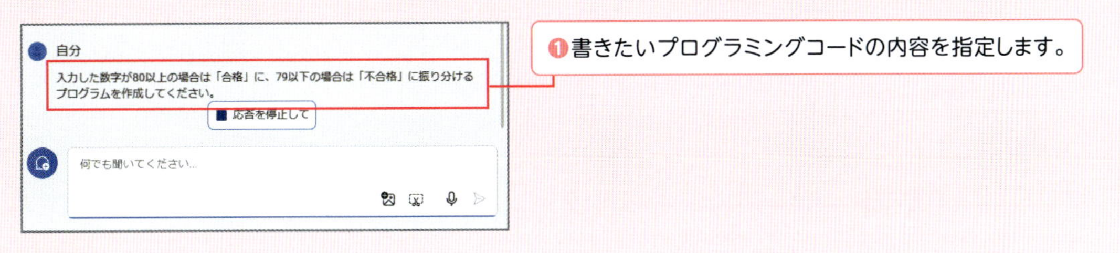

自分
入力した数字が80以上の場合は「合格」に、79以下の場合は「不合格」に振り分けるプログラムを作成してください。
応答を停止して
何でも聞いてください...
❶書きたいプログラミングコードの内容を指定します。

出力

をクリックすると、プログラミングコードをコピーできます。最終的には、人の手による確認と修正が必要です。

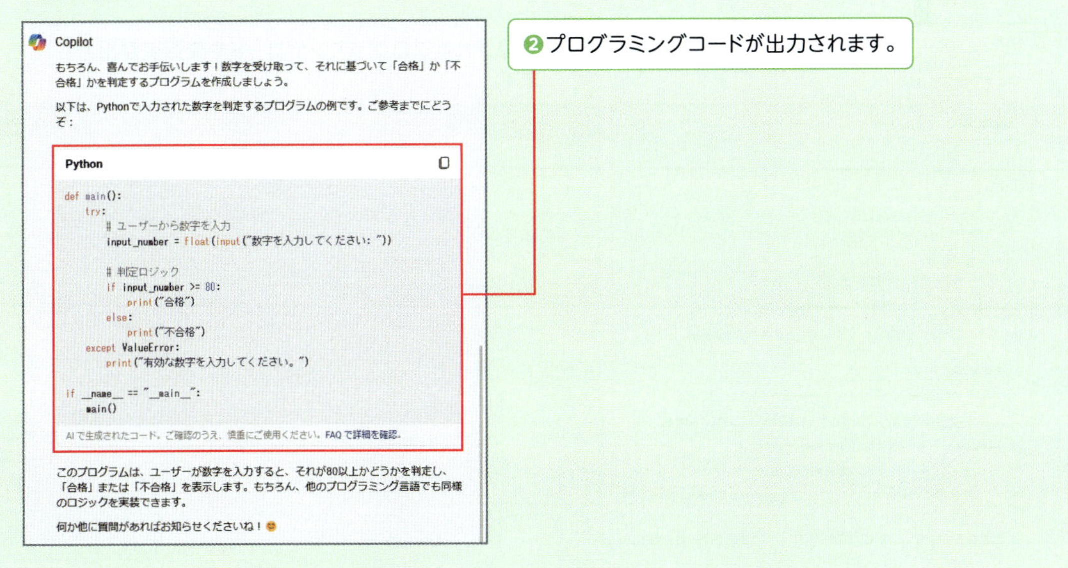

Copilot
もちろん、喜んでお手伝いします！数字を受け取って、それに基づいて「合格」か「不合格」かを判定するプログラムを作成しましょう。
以下は、Pythonで入力された数字を判定するプログラムの例です。ご参考までにどうぞ：
Python
def main():
    try:
        # ユーザーから数字を入力
        input_number = float(input("数字を入力してください: "))

        # 判定ロジック
        if input_number >= 80:
            print("合格")
        else:
            print("不合格")
    except ValueError:
        print("有効な数字を入力してください。")

if __name__ == "__main__":
    main()
AI で生成されたコード。ご確認のうえ、慎重にご使用ください。FAQ で詳細を確認。
このプログラムは、ユーザーが数字を入力すると、それが80以上かどうかを判定し、「合格」または「不合格」を表示します。もちろん、他のプログラミング言語でも同様のロジックを実装できます。
何か他に質問があればお知らせくださいね！
❷プログラミングコードが出力されます。

Section 67

プログラミングコードを書き直してもらう

プログラミングコードを変更する

既存のプログラミングコードを他の言語で書き直したり、改良したりしてもらうことができます。改良を重ねていくと、より正確性の高いコードの作成が可能です。

入力

書き直したいプログラミングコードを入力し、言語の変更などを指示します。

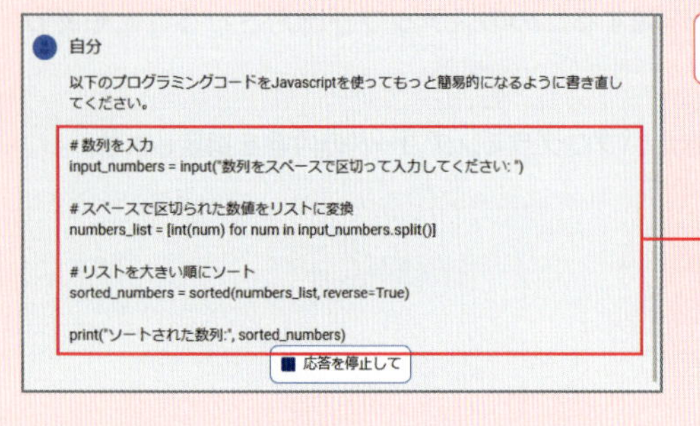

自分
以下のプログラミングコードをJavascriptを使ってもっと簡易的になるように書き直してください。
# 数列を入力
input_numbers = input("数列をスペースで区切って入力してください: ")
# スペースで区切られた数値をリストに変換
numbers_list = [int(num) for num in input_numbers.split()]
# リストを大きい順にソート
sorted_numbers = sorted(numbers_list, reverse=True)
print("ソートされた数列:", sorted_numbers)
応答を停止して

❶変更したいプログラミングコードを入力します。

出力

「もっと短くして」「改良するのにアドバイスがほしい」「他のプログラミング言語にして」などと入力すれば、書き直してもらえます。

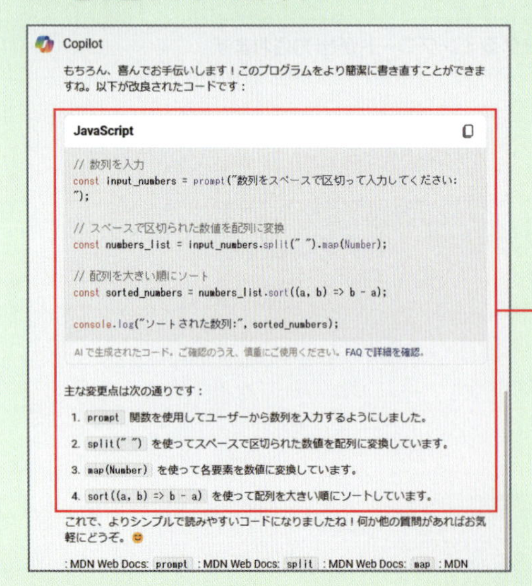

Copilot
もちろん、喜んでお手伝いします！このプログラムをより簡潔に書き直すことができますね。以下が改良されたコードです：
JavaScript
// 数列を入力
const input_numbers = prompt("数列をスペースで区切って入力してください: ");
// スペースで区切られた数値を配列に変換
const numbers_list = input_numbers.split(" ").map(Number);
// 配列を大きい順にソート
const sorted_numbers = numbers_list.sort((a, b) => b - a);
console.log("ソートされた数列:", sorted_numbers);
AI で生成されたコード。ご確認のうえ、慎重にご使用ください。FAQ で詳細を確認。
主な変更点は次の通りです：
1. prompt 関数を使用してユーザーから数列を入力するようにしました。
2. split(" ") を使ってスペースで区切られた数値を配列に変換しています。
3. map(Number) を使って各要素を数値に変換しています。
4. sort((a, b) => b - a) を使って配列を大きい順にソートしています。
これで、よりシンプルで読みやすいコードになりましたね！何か他の質問があればお気軽にどうぞ。
: MDN Web Docs: prompt : MDN Web Docs: split : MDN Web Docs: map : MDN

❷改良されたプログラミングコードや変更点が出力されます。

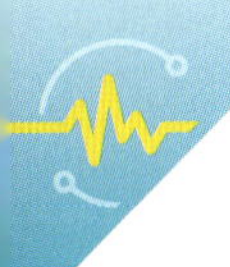

Section
68 プログラミングコードのエラー原因を調べてもらう

プログラミングコードを修正する

作成したプログラミングコードで実行できない、エラーやバグが生じた場合は、原因を特定してもらいましょう。より信憑性を高めるのに役立ちます。

入力

実行できないプログラミングコードを入力し、問題の解明と修正を指示します。

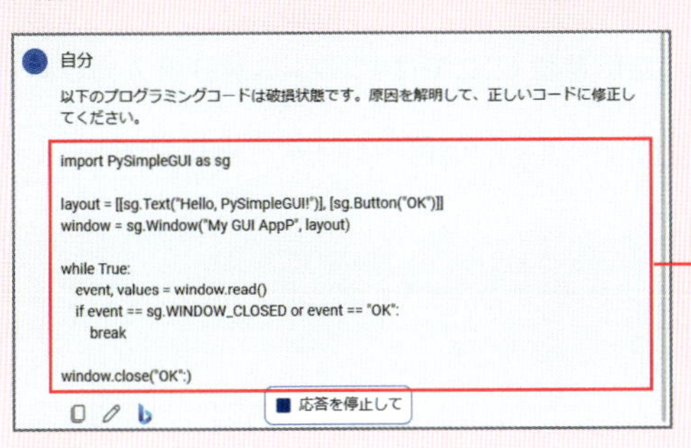

自分
以下のプログラミングコードは破損状態です。原因を解明して、正しいコードに修正してください。
import PySimpleGUI as sg
layout = [[sg.Text("Hello, PySimpleGUI!")], [sg.Button("OK")]]
window = sg.Window("My GUI AppP", layout)
while True:
event, values = window.read()
if event == sg.WINDOW_CLOSED or event == "OK":
break
window.close("OK":)
応答を停止して

❶エラーの原因を特定したいプログラミングコードを入力します。

出力

間違っている部分の指摘と、修正されたプログラミングコードが出力されます。修正されたプログラミングコードをもとに再試行してみましょう。

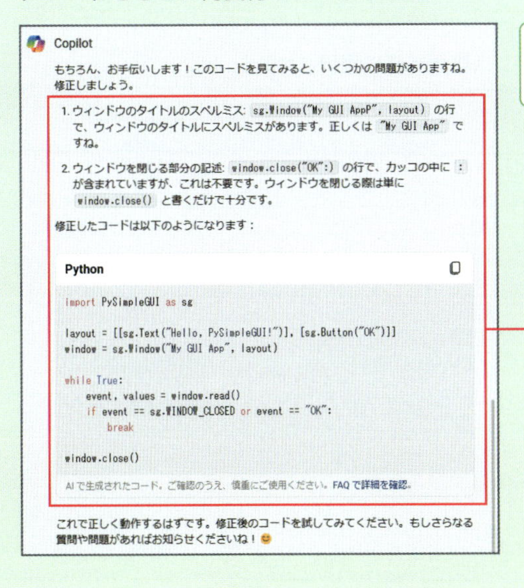

Copilot
もちろん、お手伝いします！このコードを見てみると、いくつかの問題がありますね。修正しましょう。
1. ウィンドウのタイトルのスペルミス: sg.Window("My GUI AppP", layout) の行で、ウィンドウのタイトルにスペルミスがあります。正しくは "My GUI App" ですね。
2. ウィンドウを閉じる部分の記述: window.close("OK":) の行で、カッコの中に : が含まれていますが、これは不要です。ウィンドウを閉じる際は単に window.close() と書くだけで十分です。
修正したコードは以下のようになります：
Python
import PySimpleGUI as sg
layout = [[sg.Text("Hello, PySimpleGUI!")], [sg.Button("OK")]]
window = sg.Window("My GUI App", layout)
while True:
event, values = window.read()
if event == sg.WINDOW_CLOSED or event == "OK":
break
window.close()
AIで生成されたコード。ご確認のうえ、慎重にご使用ください。FAQで詳細を確認。
これで正しく動作するはずです。修正後のコードを試してみてください。もしさらなる質問や問題があればお知らせくださいね！

❷間違っている部分が指摘され、修正されたプログラミングコードが出力されます。

Section 69

他の言語を英語に翻訳してもらう

他の言語を英語に翻訳する

48～49ページを参考にテキストが書かれたPDFをWebブラウザーで開いたり、画像をアップロードしたりして、言語を翻訳してもらう方法があります。

入力

「〇〇って英語でなんていうの？」「この言語を英語にして」などと入力します。

自分

以下のフランス語のメッセージを、英語に翻訳してください。

Chère Maho,
Comment tu vas?
Merci beaucoup pour ta gentillesse pendant mon séjour en Japon.
En attendant le plaisir de vous lire, je vous prie d'agréer,Madame,
mes sentiments distingues.
A très bientôt.

応答を停止して

何でも聞いてください...

❶翻訳したい言語（ここでは「フランス語」）を入力します。

出力

すべて英語で出力されます。「〇〇の別の言い方を教えて」「この表現方法は何？」と入力すると言語の勉強になります。

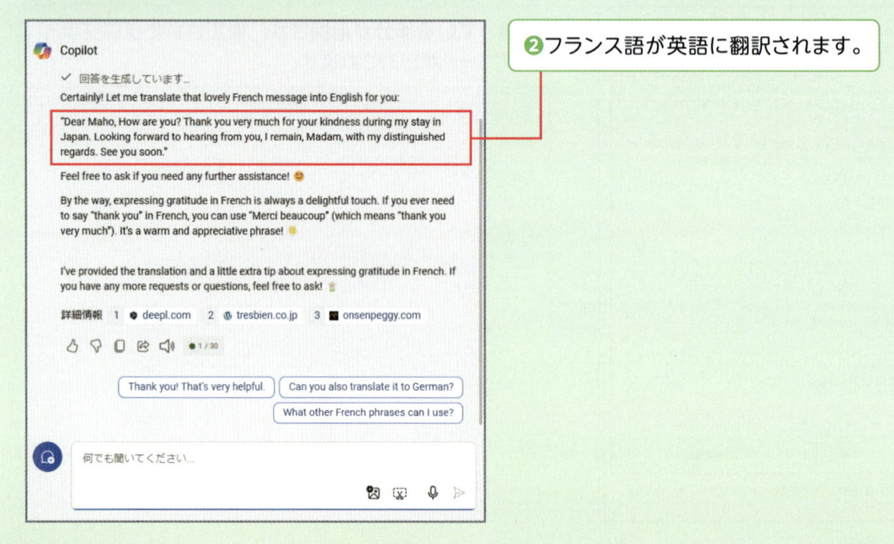
Copilot
回答を生成しています...
Certainly! Let me translate that lovely French message into English for you:
"Dear Maho, How are you? Thank you very much for your kindness during my stay in Japan. Looking forward to hearing from you, I remain, Madam, with my distinguished regards. See you soon."
Feel free to ask if you need any further assistance!
By the way, expressing gratitude in French is always a delightful touch. If you ever need to say "thank you" in French, you can use "Merci beaucoup" (which means "thank you very much"). It's a warm and appreciative phrase!
I've provided the translation and a little extra tip about expressing gratitude in French. If you have any more requests or questions, feel free to ask!
詳細情報 1 deepl.com 2 tresbien.co.jp 3 onsenpeggy.com
1 / 30
Thank you! That's very helpful.
Can you also translate it to German?
What other French phrases can I use?
何でも聞いてください...

❷フランス語が英語に翻訳されます。

Section
70 英語の問題を作成してもらう

英語の問題を作成する

ここでは、大学入試レベルの英語の長文問題を出題してもらいます。単に解いて回答するだけでなく、問題の解き方、長文読解のコツ、時間配分の方法などを積極的に教えてもらいましょう。

入力

作成してほしい問題のレベルやテーマ、形式などを指定します。コピーすれば、そのまま別の場所に貼り付けられ便利です。

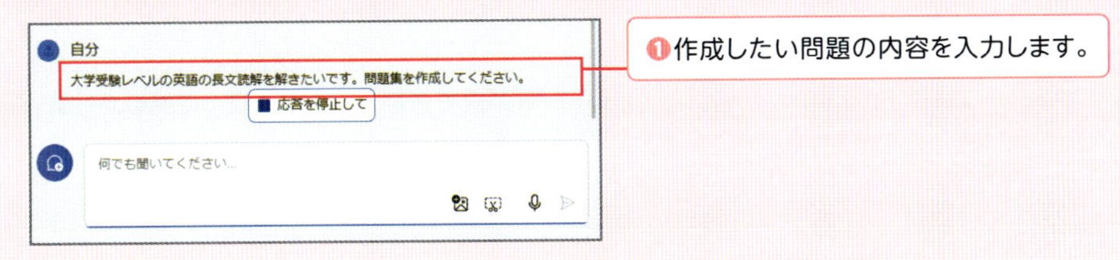
自分
大学受験レベルの英語の長文読解を解きたいです。問題集を作成してください。
応答を停止して
何でも聞いてください...
❶作成したい問題の内容を入力します。

出力

わからない問題や知らない単語は、入力すればすぐに回答してくれます。サポートAI役として、勉強に最大限活用できます。

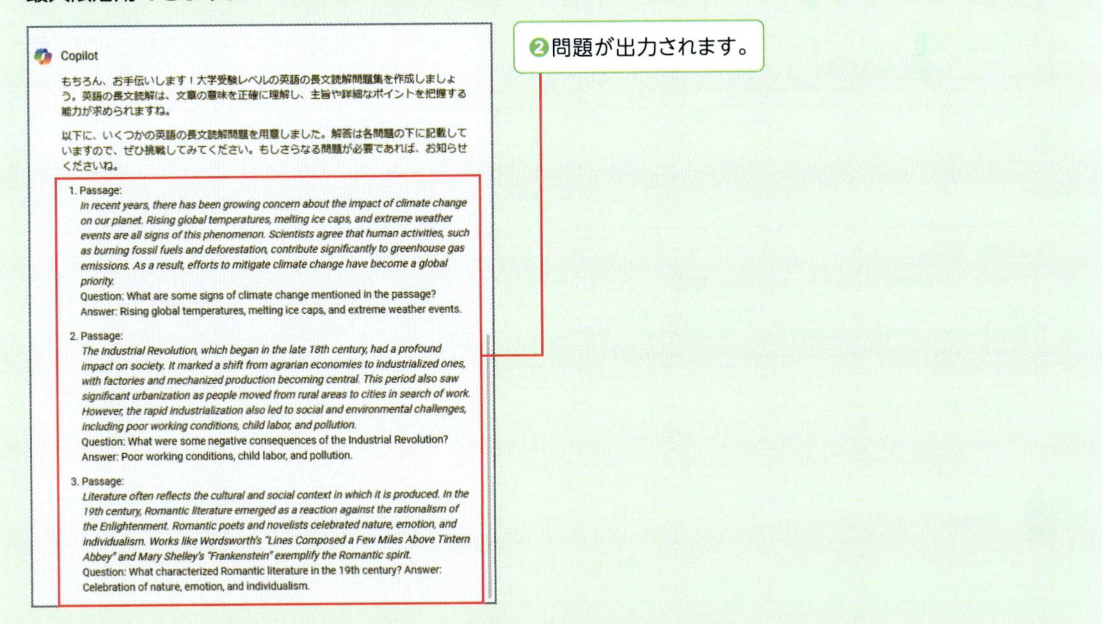
Copilot
もちろん、お手伝いします！大学受験レベルの英語の長文読解問題集を作成しましょう。英語の長文読解は、文章の意味を正確に理解し、主旨や詳細なポイントを把握する能力が求められますね。
以下に、いくつかの英語の長文読解問題を用意しました。解答は各問題の下に記載していますので、ぜひ挑戦してみてください。もしさらなる問題が必要であれば、お知らせくださいね。
1. Passage:
In recent years, there has been growing concern about the impact of climate change on our planet. Rising global temperatures, melting ice caps, and extreme weather events are all signs of this phenomenon. Scientists agree that human activities, such as burning fossil fuels and deforestation, contribute significantly to greenhouse gas emissions. As a result, efforts to mitigate climate change have become a global priority.
Question: What are some signs of climate change mentioned in the passage?
Answer: Rising global temperatures, melting ice caps, and extreme weather events.
2. Passage:
The Industrial Revolution, which began in the late 18th century, had a profound impact on society. It marked a shift from agrarian economies to industrialized ones, with factories and mechanized production becoming central. This period also saw significant urbanization as people moved from rural areas to cities in search of work. However, the rapid industrialization also led to social and environmental challenges, including poor working conditions, child labor, and pollution.
Question: What were some negative consequences of the Industrial Revolution?
Answer: Poor working conditions, child labor, and pollution.
3. Passage:
Literature often reflects the cultural and social context in which it is produced. In the 19th century, Romantic literature emerged as a reaction against the rationalism of the Enlightenment. Romantic poets and novelists celebrated nature, emotion, and individualism. Works like Wordsworth's "Lines Composed a Few Miles Above Tintern Abbey" and Mary Shelley's "Frankenstein" exemplify the Romantic spirit.
Question: What characterized Romantic literature in the 19th century? Answer: Celebration of nature, emotion, and individualism.
❷問題が出力されます。

Section

71 英会話の相手をしてもらう

英語で会話をする

24ページを参考に、最初からマイクを使って英語で音声入力をしたり「○○について英語で質問して」などと入力したりすれば、出力された回答が英語で読み上げられるので、実際に会話をしているような気分になれます。

入力

役割を設定したり、テーマを決めたりして会話をはじめます。ここでは、マイクを使って音声入力をします。

自分

I would like to have a discussion in English about our city. Please be my partner.

応答を停止して

何でも聞いてください...

❶英語で音声入力機能を使って話しかけます。

出力

音声で回答が読み上げられます。「音声読み上げ」アイコン（19ページ参照）をクリックすることで、何度もリスニングの練習ができます。

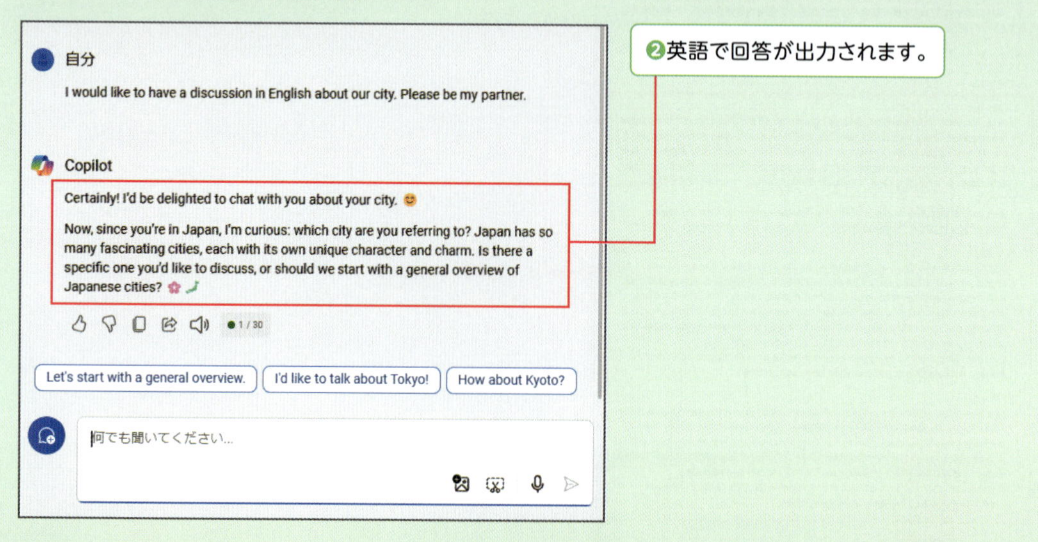

❷英語で回答が出力されます。
自分
I would like to have a discussion in English about our city. Please be my partner.
Copilot
Certainly! I'd be delighted to chat with you about your city.
Now, since you're in Japan, I'm curious: which city are you referring to? Japan has so many fascinating cities, each with its own unique character and charm. Is there a specific one you'd like to discuss, or should we start with a general overview of Japanese cities?
1 / 30
Let's start with a general overview.
I'd like to talk about Tokyo!
How about Kyoto?
何でも聞いてください...

第6章

Officeと連携しよう

Section
72 Copilot Proとは

Copilot Proを知る

Copilot Proとは

「Copilot Pro」とは、Copilotの個人向け有料プランです。無料版Copilotよりも優先的に高度な言語モデルにアクセスできるため、ピーク時でも迅速な画像生成や回答の出力ができ、高いパフォーマンスを期待できます。また、Copilotの基本的な機能に加えて一部のMicrosoft 365のアプリ（Word、Excel、PowerPoint、OneNote、Outlook）からCopilotへのアクセスが可能です。文書の下書き、プレゼンテーション資料やグラフの作成、データ分析やメール文の要約など、実行できる機能は多岐にわたります。2024年7月現在、1か月間の無料試用期間が設けられているので、この機会に体験してみましょう。

Copilot Proを利用する環境を整える

Copilot Proは、Microsoftの公式サイトから直接購入するか、WindowsでCopilotを起動した画面、「Copilot」アプリ、Word、Excel、PowerPointの各アプリから購入できます。購入すると、Windows 10／11、Webブラウザー、iOS／Android／macOS／iPadOSアプリ、Microsoft 365の各アプリからアクセスしてサービスを利用できるようになります。なお、購入にはMicrosoftアカウントでのサインインが必要です。あらかじめ作成しておきましょう。使えるようになった際は、CopilotやEdge Copilotの起動画面に、「Pro」と表示されるようになります。

Copilot Pro の使用を開始する

創造性と生産性を高めます

初めて Copilot を使用する場合

Microsoft Copilot の紹介

Copilot が生産性とクリエイティブを向上させるためにどのように役立つかをご覧ください。

プロンプトとは

Copilot に何かを依頼する方法について説明します。

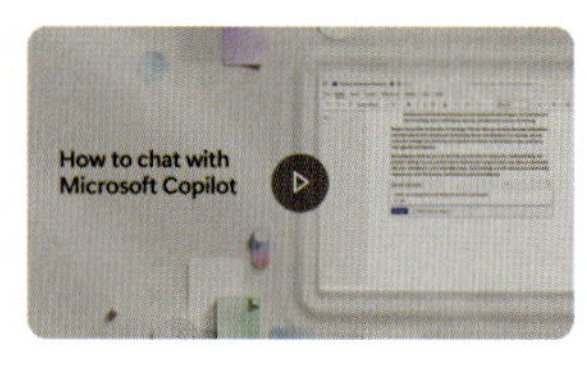

Microsoft Copilot とチャットする方法

Copilot でより良い結果を得るためのヒントをご覧ください。

▲ https://copilot.cloud.microsoft/ja-jp/copilot-pro

Copilot Proでできること

ここでは、Copilot Proの最大の特徴である「Microsoft 365」アプリと組み合わせてできることを一部紹介します。他のアプリも知りたい場合は、106ページを参考にWebサイトにアクセスしてください。

Word

・ドキュメントの下書きを作成
・文章の書き換え、編集
・情報検索
・文章の要約
・文章の内容について質問

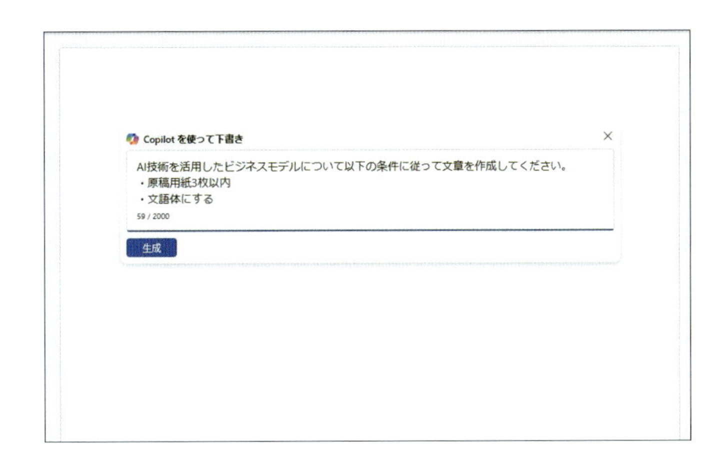

Copilot を使って下書き
AI技術を活用したビジネスモデルについて以下の条件に従って文章を作成してください。
・原稿用紙3枚以内
・文語体にする
59 / 2000
生成

Excel

・数式の作成
・データの分析、集計
・表、グラフの作成
・データの並べ替えや強調などの編集
・表、グラフの内容について質問

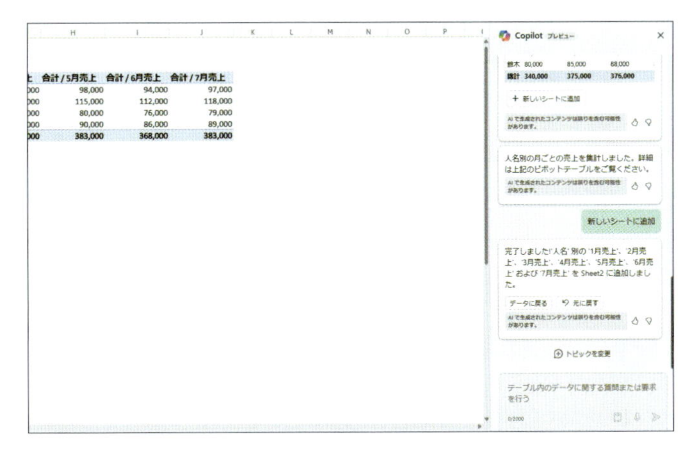

H I J K L M N O P
合計 / 5月売上 合計 / 6月売上 合計 / 7月売上
98,000 94,000 97,000
115,000 112,000 118,000
80,000 76,000 79,000
90,000 86,000 89,000
383,000 368,000 383,000
Copilot プレビュー
鈴木 80,000 85,000 88,000
総計 340,000 375,000 376,000
+ 新しいシートに追加
AI で生成されたコンテンツは誤りを含む可能性があります。
人名別の月ごとの売上を集計しました。詳細は上記のピボットテーブルをご覧ください。
AI で生成されたコンテンツは誤りを含む可能性があります。
新しいシートに追加
完了しました!'人名' 別の '1月売上'、'2月売上'、'3月売上'、'4月売上'、'5月売上'、'6月売上' および '7月売上' を Sheet2 に追加しました。
データに戻る
元に戻す
AI で生成されたコンテンツは誤りを含む可能性があります。
トピックを変更
テーブル内のデータに関する質問または要求を行う
0/2000

PowerPoint

・プレゼンテーション資料のアウトライン作成
・スライドの要約
・スライドの整理、再構築、編集
・画像生成
・スライドの内容について質問

Copilot
ションを作成する...
以下についてスライドを追加...
このプレゼンテーションについて質問する...
新たな顧客を獲得するためのマーケティング戦略の流れに関するプレゼンテーションを作成してください。
こちらです。"新たな顧客を獲得するためのマーケティング戦略の流れに関するプレゼンテーション"が作成されました。
デザイナー には、検討すべき他のレイアウト オプションもあります。
AI で生成されたコンテンツは誤りを含む可能性があります。
トピックを変更

Section

73 Copilot Proを利用するには

Copilot Proのライセンスを購入する

Copilot Proを契約するには、Microsoftの公式サイトやモバイルアプリからお支払情報を登録することで、利用できるようになります。ここでは、起動したCopilot画面からの購入方法を解説します。

1 「Get Copilot Pro」をクリックします。

Copilotを起動し、画面に表示される「Get Copilot Pro」をクリックします。

2 Webブラウザーでライセンス購入画面が表示されます。「次へ」をクリックします。

Microsoft Edgeで、ライセンス購入画面が開きます。

COLUMN

公式サイトからライセンスを購入する

Webブラウザーで「https://www.microsoft.com/ja-jp/store/b/copilotpro」にアクセスすることでも、ライセンスを購入できます。

お支払方法の選択
PayPal
クレジット カードまたはデビット カード
キャンセル
都道府県 *
市区町村 *
町名、番地 *
建物名、部屋番号 (省略可)
国/地域 *
日本
この住所が Microsoft アカウントに保存されます。
どこからでも maho0619sekine@outlook.jp を使用してサインアップすれば、このお支払い方法で Microsoft の製品とサービスを購入できます。
設定を変更する場合は、次にアクセスしてください: account.microsoft.com.
Microsoft ではお客様のプライバシーの保護に努めています。次をご覧ください: プライバシーに関する声明.
キャンセル
保存
サブスクリプションを確認する
VISA
変更する
最初の月は無料ですが、1 か月の試用期間の終了後にサブスクリプションの利用を続けるためには、お支払いに関する情報をご提供いただく必要があります。
Microsoft Copilot Pro
1-月 無料試用版
¥3,200 (税込み)/月
試用版を開始して、後で支払う を選択すると、このサービスの購入に関する Microsoft Store 販売条件に同意したものと見なされ、Copilot Pro の利用には 利用規約 が適用されます。無料試用期間が終了すると、¥3,200 (税込み)/月 の料金が発生します。価格が変更される場合は、事前にお知らせします。初回の請求から 14 日以内にキャンセルした場合は、達成率に比例の払い戻しを受けることができます。今後の請求を停止するには、次回の請求日の少なくとも 2 日前に Microsoft アカウントにアクセスして、継続請求を無効にしてください。キャンセル、返品、交換については、返品/返金ページをご覧ください。
Microsoft 365 およびその他の Microsoft 製品とサービスについての情報、ヒント、プランを希望します。プライバシー ステートメント。
キャンセル
試用版を開始して、後で支払う

3 お支払方法（ここでは「クレジットカードまたはデビットカード」）をクリックして選択します。

お支払方法は、PayPalまたはクレジットカードから選択できます。

4 カード情報を入力します。

5 「保存」をクリックします。

カード情報を入力し、保存すると自分のMicrosoftアカウントに登録されます。

6 「試用版を開始して、後で支払う」をクリックすると、購入が完了します。

1か月の使用期間終了後に料金が発生します。次回請求日の2日前までにキャンセルすると支払いを停止できます。

Section

74 Wordで文章を作成してもらう

作成したい内容を指定して文章を作成する

Wordでは、Copilotを使って文章を作成することができます。出力された文章はドキュメントに直接書き込まれるので、テキストを貼り付ける手間はありません。最初に大枠を作成してもらい、あとから少しずつ文章を整えていけます。

1 Webブラウザーで「https://www.office.com」にアクセスします。

Web版のWordを利用します。

2 Microsoftアカウントにサインインし、「Word」をクリックします。

3 文章を作成したいドキュメント（ここでは「空白の文書」）をクリックします。

Copilot Proのライセンスを購入したMicrosoftアカウントにサインインします。

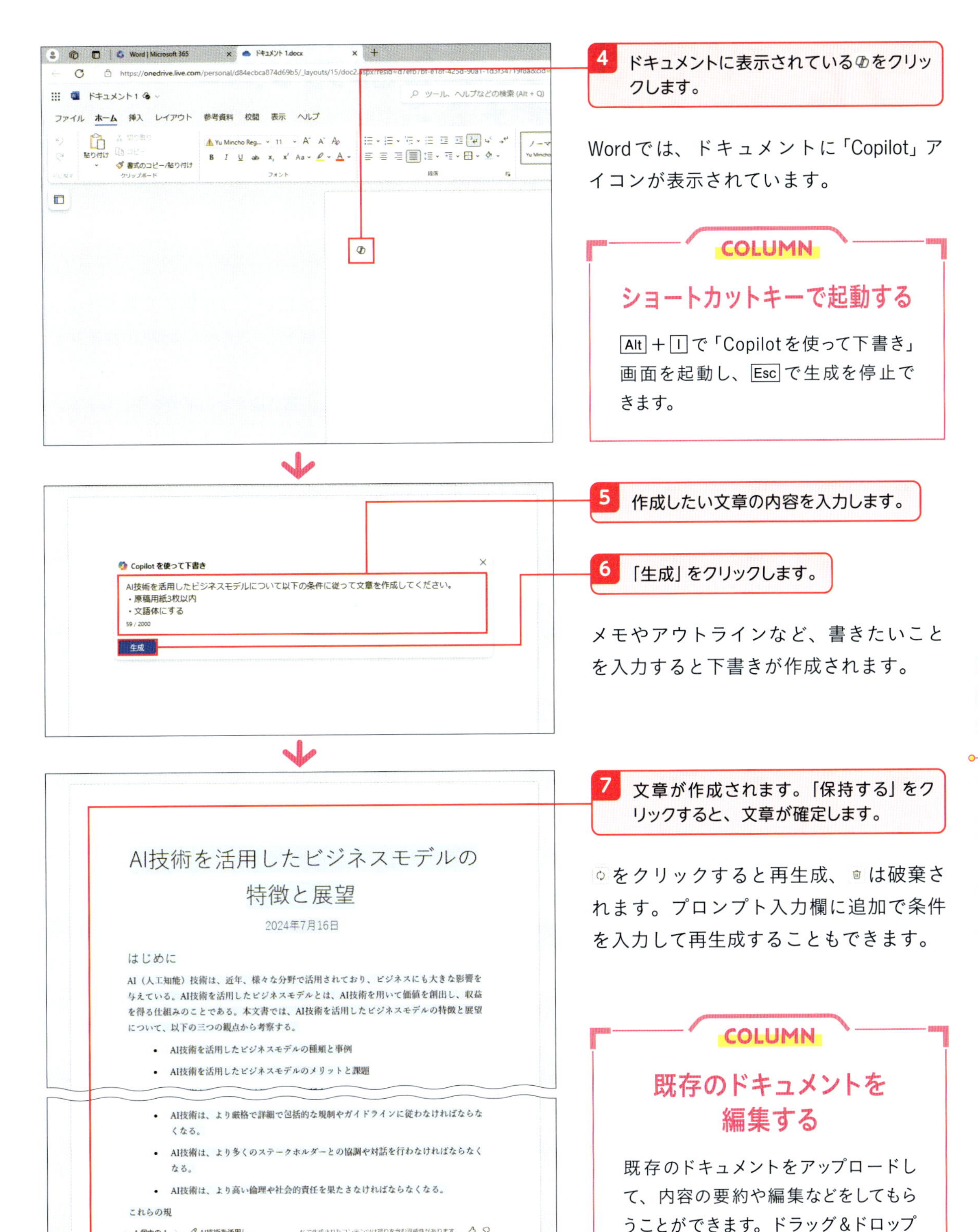
Copilot を使って下書き
AI技術を活用したビジネスモデルについて以下の条件に従って文章を作成してください。
・原稿用紙3枚以内
・文語体にする
59 / 2000
生成
AI技術を活用したビジネスモデルの
特徴と展望
2024年7月16日
はじめに
AI（人工知能）技術は、近年、様々な分野で活用されており、ビジネスにも大きな影響を与えている。AI技術を活用したビジネスモデルとは、AI技術を用いて価値を創出し、収益を得る仕組みのことである。本文書では、AI技術を活用したビジネスモデルの特徴と展望について、以下の三つの観点から考察する。
AI技術を活用したビジネスモデルの種類と事例
AI技術を活用したビジネスモデルのメリットと課題
AI技術は、より厳格で詳細で包括的な規制やガイドラインに従わなければならなくなる。
AI技術は、より多くのステークホルダーとの協調や対話を行わなければならなくなる。
AI技術は、より高い倫理や社会的責任を果たさなければならなくなる。
これらの規
保持する
例: "プロフェッショナルに"

4 ドキュメントに表示されている をクリックします。

Wordでは、ドキュメントに「Copilot」アイコンが表示されています。

COLUMN

ショートカットキーで起動する

Alt + I で「Copilotを使って下書き」画面を起動し、Esc で生成を停止できます。

5 作成したい文章の内容を入力します。

6 「生成」をクリックします。

メモやアウトラインなど、書きたいことを入力すると下書きが作成されます。

7 文章が作成されます。「保持する」をクリックすると、文章が確定します。

をクリックすると再生成、 は破棄されます。プロンプト入力欄に追加で条件を入力して再生成することもできます。

COLUMN

既存のドキュメントを編集する

既存のドキュメントをアップロードして、内容の要約や編集などをしてもらうことができます。ドラッグ&ドロップすればすぐに開けます。

Section

75 Wordで文章を部分的に書き換えてもらう

文章を部分的に修正する

部分的に変更したいテキストがある場合は、ドラッグして選択し、Copilotにいくつか別の文章を出してもらいましょう。気に入った候補がある場合は、「置換」をクリックすればすぐに文章に反映されます。

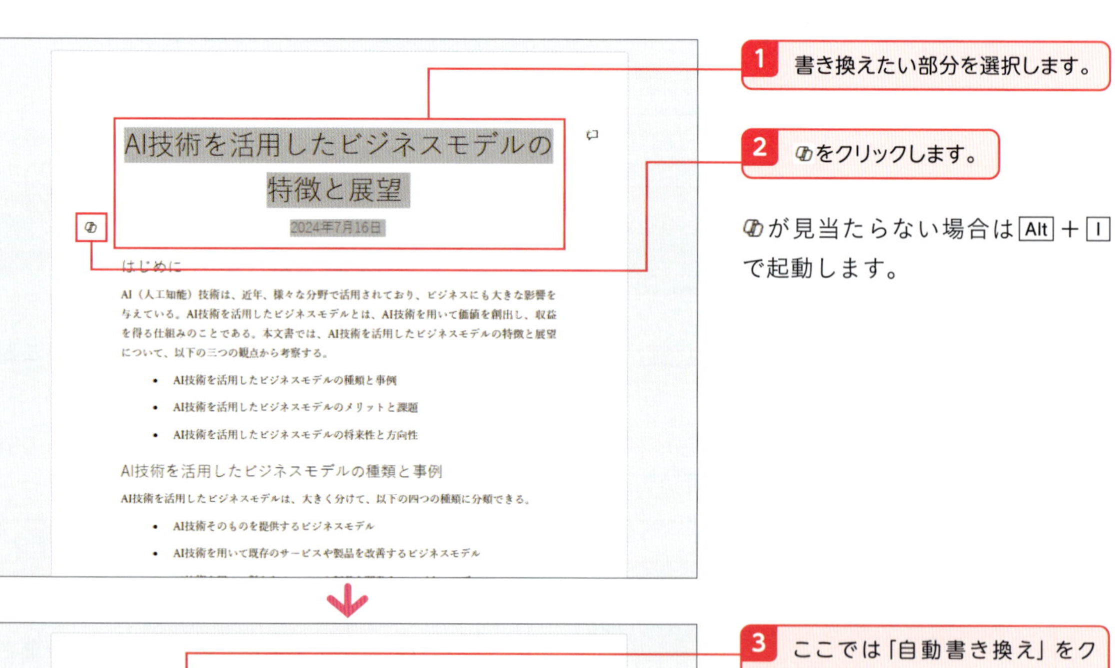

AI技術を活用したビジネスモデルの
特徴と展望
2024年7月16日
はじめに
AI（人工知能）技術は、近年、様々な分野で活用されており、ビジネスにも大きな影響を与えている。AI技術を活用したビジネスモデルとは、AI技術を用いて価値を創出し、収益を得る仕組みのことである。本文書では、AI技術を活用したビジネスモデルの特徴と展望について、以下の三つの観点から考察する。
AI技術を活用したビジネスモデルの種類と事例
AI技術を活用したビジネスモデルのメリットと課題
AI技術を活用したビジネスモデルの将来性と方向性
AI技術を活用したビジネスモデルの種類と事例
AI技術を活用したビジネスモデルは、大きく分けて、以下の四つの種類に分類できる。
AI技術そのものを提供するビジネスモデル
AI技術を用いて既存のサービスや製品を改善するビジネスモデル
1 書き換えたい部分を選択します。
2 をクリックします。

が見当たらない場合は Alt + I で起動します。

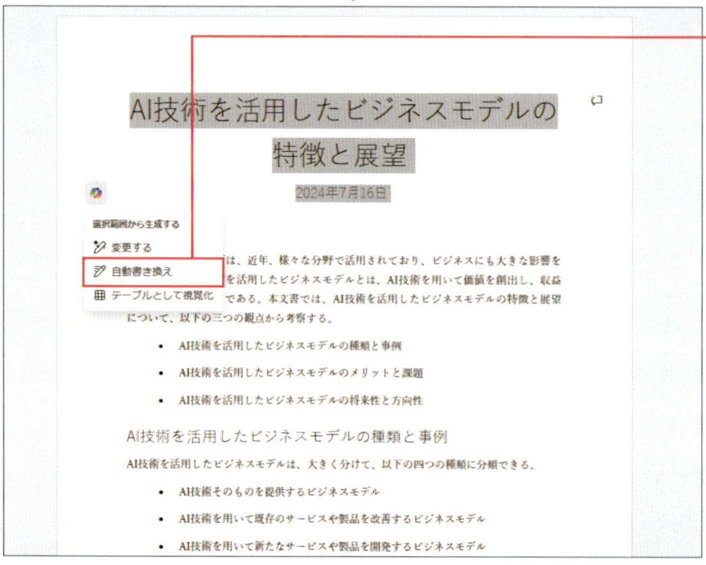

AI技術を活用したビジネスモデルの
特徴と展望
2024年7月16日
選択範囲から生成する
変更する
自動書き換え
テーブルとして視覚化
AI技術を活用したビジネスモデルの種類と事例
AI技術を活用したビジネスモデルは、大きく分けて、以下の四つの種類に分類できる。
AI技術そのものを提供するビジネスモデル
AI技術を用いて既存のサービスや製品を改善するビジネスモデル
AI技術を用いて新たなサービスや製品を開発するビジネスモデル

3 ここでは「自動書き換え」をクリックします。

「変更する」では書き換えたい内容を入力でき（111ページ参照）、「テーブルとして視覚化」ではテーブルが挿入されます。

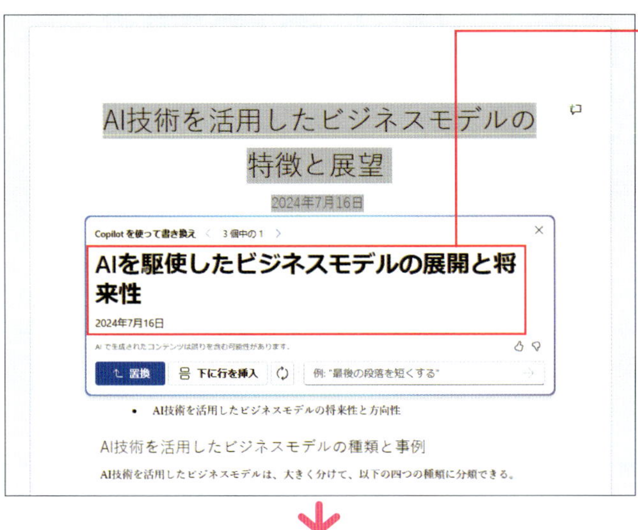

4 自動で新しく書き換えられた文章が出力されます。

出力される文章は、複数の候補がある場合があります。「下に行を挿入」をクリックすると、選択した文章の下に候補が入力されます。

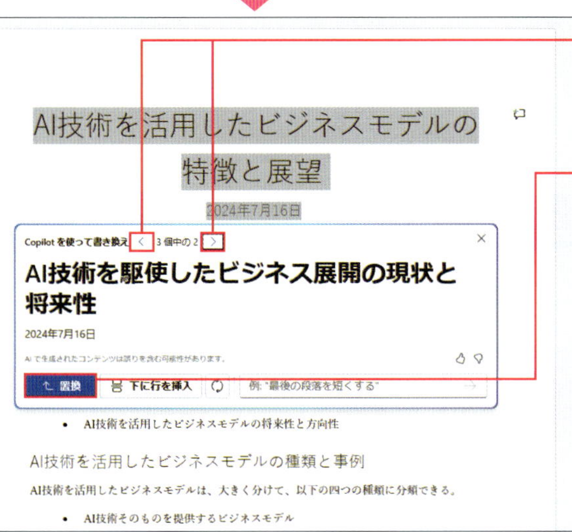

5 候補が複数出力された場合は、＜や＞をクリックして、出力された文章を切り替えます。

6 「置換」をクリックします。

候補が複数出力された場合は、「○個中の○」と表示されます。出力された候補からイメージに合った文章を選択します。

AI技術を駆使したビジネス展開の現状と将来性

2024年7月16日

はじめに

AI（人工知能）技術は、近年、様々な分野で活用されており、ビジネスにも大きな影響を与えている。AI技術を活用したビジネスモデルとは、AI技術を用いて価値を創出し、収益を得る仕組みのことである。本文書では、AI技術を活用したビジネスモデルの特徴と展望について、以下の三つの観点から考察する。

- AI技術を活用したビジネスモデルの種類と事例
- AI技術を活用したビジネスモデルのメリットと課題
- AI技術を活用したビジネスモデルの将来性と方向性

AI技術を活用したビジネスモデルの種類と事例

AI技術を活用したビジネスモデルは、大きく分けて、以下の四つの種類に分類できる。

7 文章が書き換えられます。

文章を自動で書き換えてくれます。削除したり書き直したりする必要はありません。

Section
76 Wordでドキュメントの内容を要約してもらう

ドキュメントを要約する

Wordには、ドキュメントに加え、「ホーム」タブにも「Copilot」アイコンがあります。クリックすると、チャット画面が開くので、情報を検索したりドキュメント内容を要約したりできます。

1 ドキュメントを開き、「Copilot」をクリックします。

画面上部の「ホーム」タブに「Copilot」アイコンが追加されています。

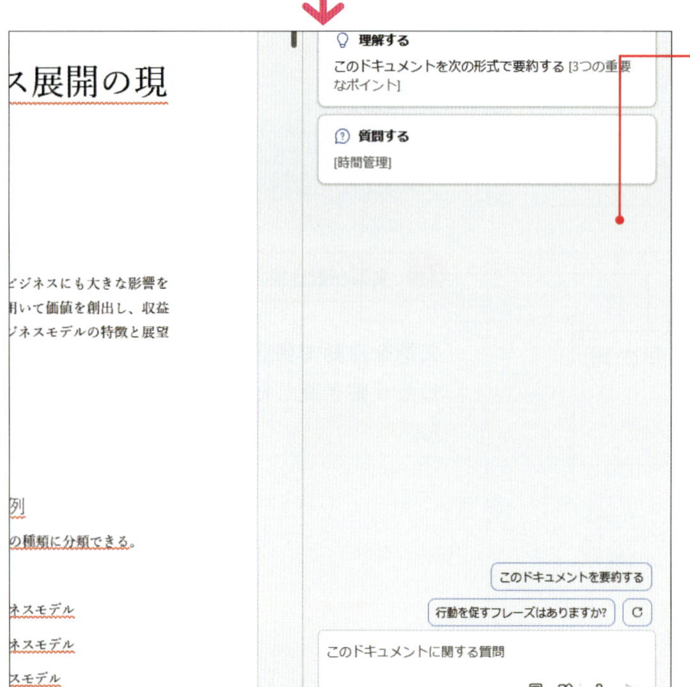

2 Copilotが起動します。

画面下部の□をクリックするとプロンプト例が表示され、⊞をクリックすると検索とプラグインの管理ができます。

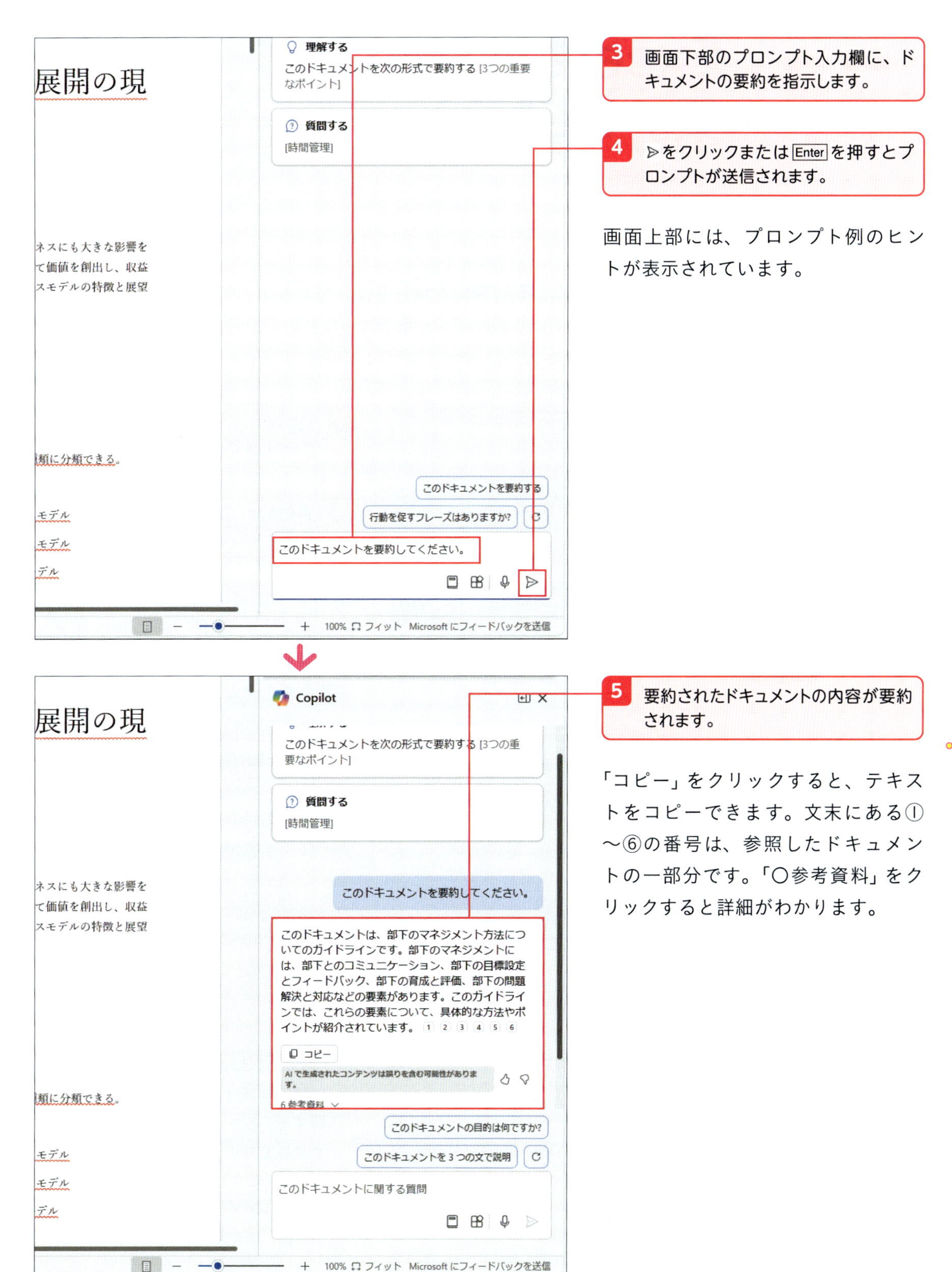
理解する
このドキュメントを次の形式で要約する [3つの重要なポイント]
質問する
[時間管理]
このドキュメントを要約する
行動を促すフレーズはありますか?
このドキュメントを要約してください。
100% フィット Microsoft にフィードバックを送信
Copilot
このドキュメントは、部下のマネジメント方法についてのガイドラインです。部下のマネジメントには、部下とのコミュニケーション、部下の目標設定とフィードバック、部下の育成と評価、部下の問題解決と対応などの要素があります。このガイドラインでは、これらの要素について、具体的な方法やポイントが紹介されています。 1 2 3 4 5 6
コピー
AI で生成されたコンテンツは誤りを含む可能性があります。
6 参考資料
このドキュメントの目的は何ですか?
このドキュメントを 3 つの文で説明
このドキュメントに関する質問

3 画面下部のプロンプト入力欄に、ドキュメントの要約を指示します。

4 ⊳をクリックまたは Enter を押すとプロンプトが送信されます。

画面上部には、プロンプト例のヒントが表示されています。

5 要約されたドキュメントの内容が要約されます。

「コピー」をクリックすると、テキストをコピーできます。文末にある①〜⑥の番号は、参照したドキュメントの一部分です。「〇参考資料」をクリックすると詳細がわかります。

Section
77 Excelで表を分析して集計してもらう

表のデータを集計する

Excelで作成した表は、内容を分析したり項目別に費用を集計したりできます。「○○と○○を組み合わせた列を追加して」「売上が10万円を超えているのは何人か教えて」などと入力し、数列の追加や表に関する質問も行えます。

1 110ページ手順2で「Excel」をクリックします。

2 表を集計したいブック（ここでは「空白のブック」）をクリックします。

ExcelのCopilotでは、シートにExcelテーブルまたはデータ範囲からデータを選択していないとプロンプトを送信できません。

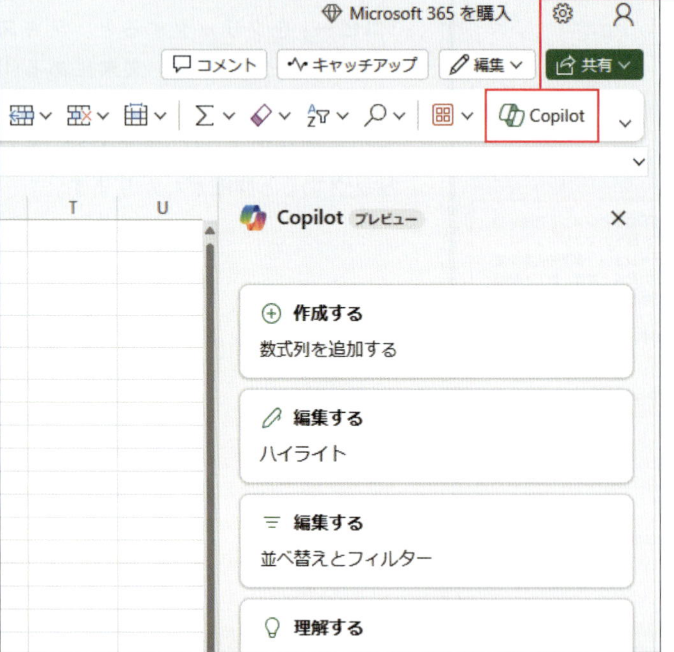

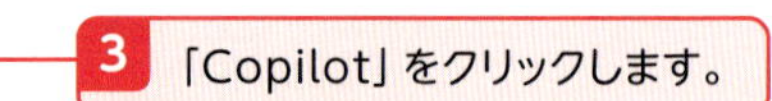

3 「Copilot」をクリックします。

画面上部の「ホーム」タブに「Copilot」アイコンが追加されています。

> **COLUMN**
>
> **作業候補ごとのプロンプト**
>
> Copilotを起動すると、画面上部には「作成する」「編集する」「理解する」といった作業の候補が表示されており、できることがわかります。ここからクリックして選択したりプロンプトを入力したりして利用をはじめます。

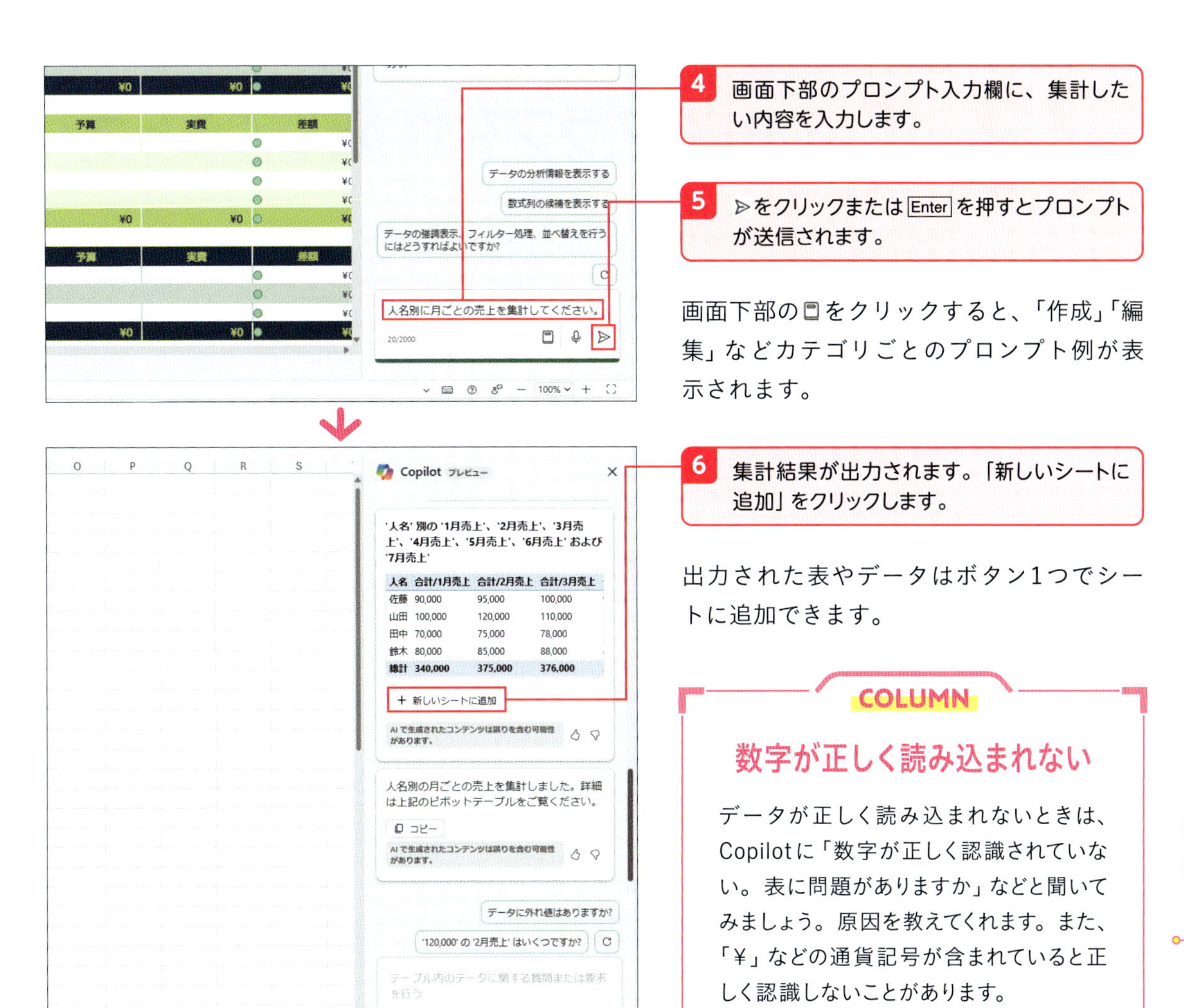
データの分析情報を表示する
数式列の候補を表示する
データの強調表示、フィルター処理、並べ替えを行うにはどうすればよいですか?
人名別に月ごとの売上を集計してください。
20/2000
Copilot プレビュー
'人名' 別の '1月売上'、'2月売上'、'3月売上'、'4月売上'、'5月売上'、'6月売上' および '7月売上'
+ 新しいシートに追加
人名別の月ごとの売上を集計しました。詳細は上記のピボットテーブルをご覧ください。
コピー
データに外れ値はありますか?
'120,000' の '2月売上' はいくつですか?
テーブル内のデータに関する質問または要求を行う
0/2000

人名	合計/1月売上	合計/2月売上	合計/3月売上
佐藤	90,000	95,000	100,000
山田	100,000	120,000	110,000
田中	70,000	75,000	78,000
鈴木	80,000	85,000	88,000
総計	340,000	375,000	376,000

4 画面下部のプロンプト入力欄に、集計したい内容を入力します。

5 ▷をクリックまたは Enter を押すとプロンプトが送信されます。

画面下部の□をクリックすると、「作成」「編集」などカテゴリごとのプロンプト例が表示されます。

6 集計結果が出力されます。「新しいシートに追加」をクリックします。

出力された表やデータはボタン1つでシートに追加できます。

COLUMN

数字が正しく読み込まれない

データが正しく読み込まれないときは、Copilotに「数字が正しく認識されていない。表に問題がありますか」などと聞いてみましょう。原因を教えてくれます。また、「¥」などの通貨記号が含まれていると正しく認識しないことがあります。

新しいシートが追加され、出力されたデータが挿入されます。

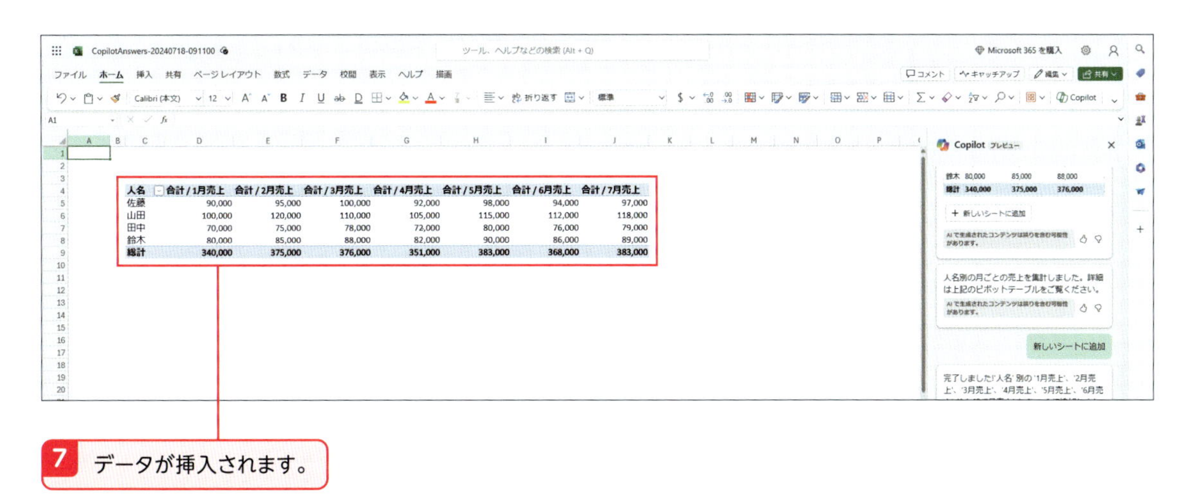

人名	合計 / 1月売上	合計 / 2月売上	合計 / 3月売上	合計 / 4月売上	合計 / 5月売上	合計 / 6月売上	合計 / 7月売上
佐藤	90,000	95,000	100,000	92,000	98,000	94,000	97,000
山田	100,000	120,000	110,000	105,000	115,000	112,000	118,000
田中	70,000	75,000	78,000	72,000	80,000	76,000	79,000
鈴木	80,000	85,000	88,000	82,000	90,000	86,000	89,000
総計	340,000	375,000	376,000	351,000	383,000	368,000	383,000

7 データが挿入されます。

Section

78 Excelでグラフを作成してもらう

作成したい内容を指定してグラフを作成する

表をグラフ化することで、一目見ただけで数字や現状がわかりやすくなります。また、さらに編集して、より一層視覚的にわかりやすく印象よくしたい場合は、119ページを参照して部分的に色を設定したりポイントのみ強調させたりしましょう。

入力

「○○の変化をわかりやすくグラフ化して」「折れ線グラフにして」などと入力します。

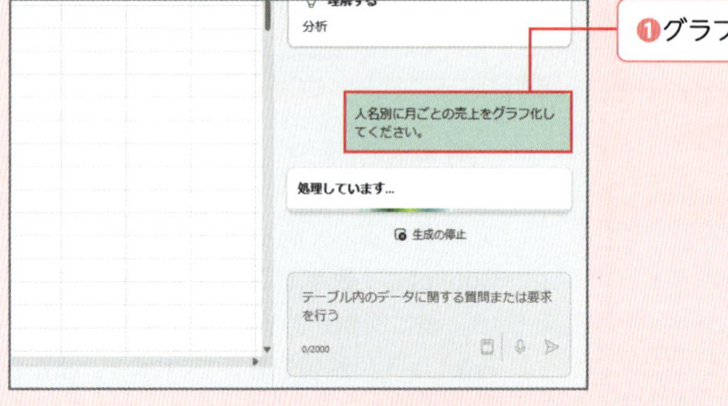
分析
人名別に月ごとの売上をグラフ化してください。
処理しています...
生成の停止
テーブル内のデータに関する質問または要求を行う
0/2000

❶グラフ化したい内容を入力します。

出力

グラフが出力されます。出力されたグラフは、「新しいシートに追加」をクリックしてExcelに保存することができます（117ページ参照）。

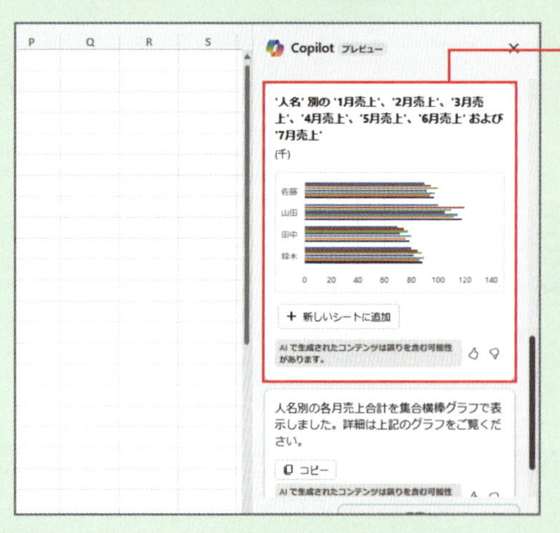
P
Q
R
S
Copilot プレビュー
'人名' 別の '1月売上'、'2月売上'、'3月売上'、'4月売上'、'5月売上'、'6月売上' および '7月売上'
(千)
佐藤
山田
田中
鈴木
0
20
40
60
80
100
120
140
新しいシートに追加
AI で生成されたコンテンツは誤りを含む可能性があります。
人名別の各月売上合計を集合横棒グラフで表示しました。詳細は上記のグラフをご覧ください。
コピー

❷データが棒グラフで出力されます。

Section 79

Excelで表や文字のスタイルを変更してもらう

表や文字のスタイルを変更する

表の列や文字の色、太さなどの変更も、Copilotに指示するだけで自動で編集してくれます。「○行目の文字を赤色にして」「最初の列を太字にして」などと入力します。並べ替えを行うこともできます。

入力

変更したい場所や変更内容を簡潔に指定します。

❶変更したい場所とスタイルを入力します。

出力

スタイルが変更されます。「元に戻す」をクリックすると、設定された色が解除されます。

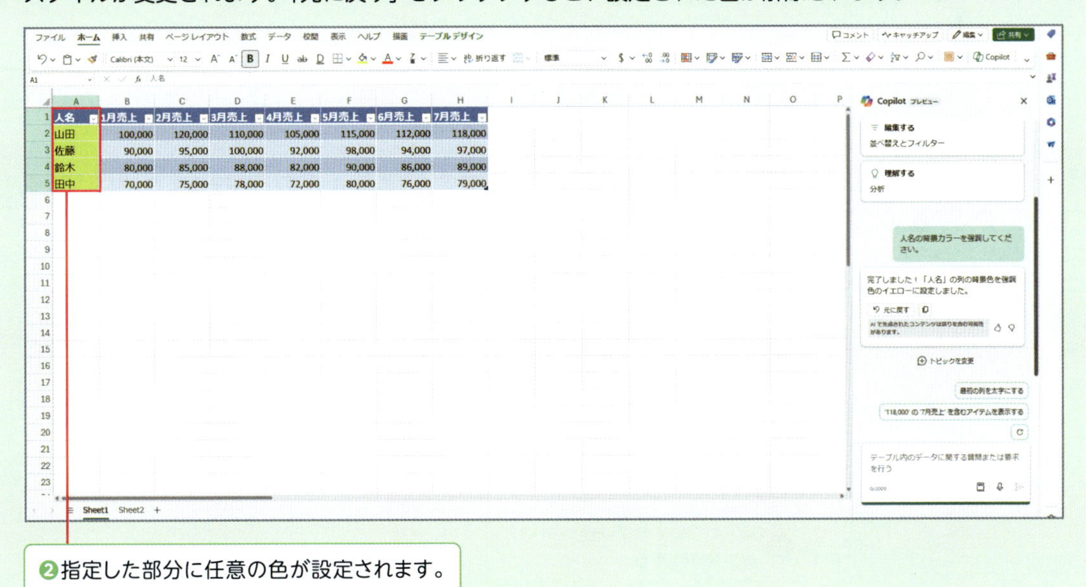

人名	1月売上	2月売上	3月売上	4月売上	5月売上	6月売上	7月売上
山田	100,000	120,000	110,000	105,000	115,000	112,000	118,000
佐藤	90,000	95,000	100,000	92,000	98,000	94,000	97,000
鈴木	80,000	85,000	88,000	82,000	90,000	86,000	89,000
田中	70,000	75,000	78,000	72,000	80,000	76,000	79,000

❷指定した部分に任意の色が設定されます。

第6章 Officeと連携しよう

Section 80

PowerPointでプレゼンテーションの資料を作成してもらう

作成したい内容を指定してスライドを作成する

PowerPointのCopilotにトピックを与えれば、プレゼンテーションの下書きを作成できます。また、内容を要約したりスライドを整理したりして資料の準備を進められます。

1 110ページ手順2で「PowerPoint」をクリックします。

2 作成したいプレゼンテーション（ここでは「空白のプレゼンテーション」）をクリックします。

空白ではなく、既存のPowerPointやデザインを選択しても編集できます。

3 「Copilot」をクリックします。

画面上部の「ホーム」タブに「Copilot」アイコンが追加されています。

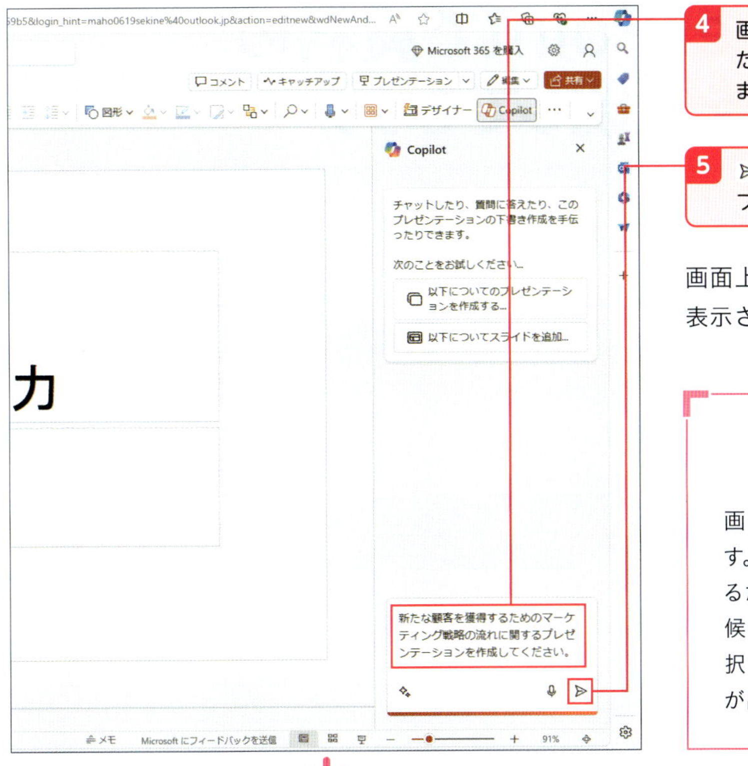
Copilot
チャットしたり、質問に答えたり、このプレゼンテーションの下書き作成を手伝ったりできます。
次のことをお試しください...
以下についてのプレゼンテーションを作成する...
以下についてスライドを追加...
新たな顧客を獲得するためのマーケティング戦略の流れに関するプレゼンテーションを作成してください。

4 画面下部のプロンプト入力欄に、作成したいプレゼンテーションの内容を入力します。

5 ⊳をクリックまたは Enter を押すとプロンプトが送信されます。

画面上部には、プロンプト例のヒントが表示されています。

COLUMN

入力できるプロンプト

画面下部の ✧ はプロンプトガイドです。クリックすると、スライドを理解するための質問や編集するための質問候補が表示されます。クリックして選択すると、プロンプトが送信され回答が出力されます。

画像とテキスト、アニメーションが挿入された状態でプレゼンテーションの資料が作成されます。スライド下部のノートにもコメントが入力されています。

新規顧客獲得のためのマーケティング戦略
ターゲット、分析、プロモーション、特典、販売促進
Copilot
新たな顧客を獲得するためのマーケティング戦略の流れに関するプレゼンテーションを作成してください。
このプレゼンテーションでは、新規顧客獲得のためのマーケティング戦略の流れについて説明します。

6 プレゼンテーションの資料が作成されます。

Section 81

PowerPointで資料の概要を説明してもらう

資料の内容を要約する

ビジネス資料など、すばやくプレゼンテーションの内容を把握したい場合は、概要や要点をCopilotに聞いてみましょう。大枠の理解に役立ちます。

入力

概要を知りたい資料を表示し、Copilotに説明してもらいましょう。

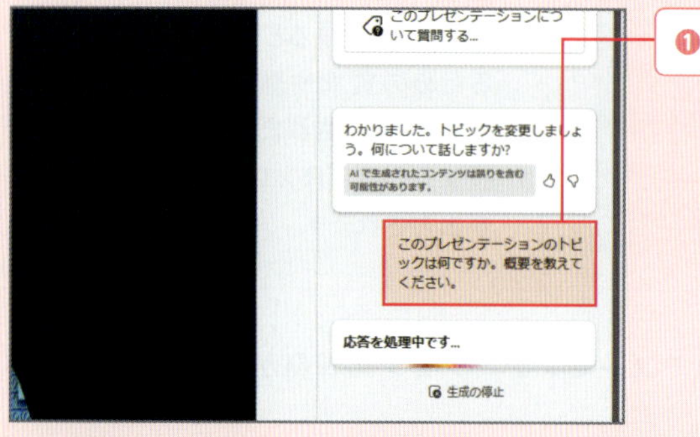
このプレゼンテーションについて質問する...
わかりました。トピックを変更しましょう。何について話しますか?
AI で生成されたコンテンツは誤りを含む可能性があります。
このプレゼンテーションのトピックは何ですか。概要を教えてください。
応答を処理中です...
生成の停止

❶資料の概要を教えてほしいことを入力します。

出力

「○○についての記述を教えて」「内容を要約して」「○番目のスライドの内容は？」などと入力すると、すばやく内容について理解することができます。

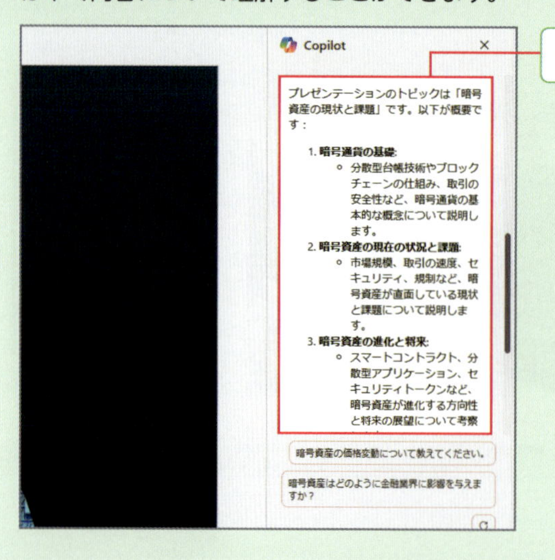
Copilot
プレゼンテーションのトピックは「暗号資産の現状と課題」です。以下が概要です：
1. 暗号通貨の基礎:
分散型台帳技術やブロックチェーンの仕組み、取引の安全性など、暗号通貨の基本的な概念について説明します。
2. 暗号資産の現在の状況と課題:
市場規模、取引の速度、セキュリティ、規制など、暗号資産が直面している現状と課題について説明します。
3. 暗号資産の進化と将来:
スマートコントラクト、分散型アプリケーション、セキュリティトークンなど、暗号資産が進化する方向性と将来の展望について考察
暗号資産の価格変動について教えてください。
暗号資産はどのように金融業界に影響を与えますか？

❷概要が出力されます。

Section 82

PowerPointで新しいスライドを追加してもらう

内容を指定して新しいスライドを追加する

PowerPointのスライドは、「5枚目に追加して」「○○に関する説明をして」などと入力してCopilotに作成してもらうことができます。スライドは再出力してもらったり改めて構成を考えてもらったりして、イメージとすり合わせられます。

入力

追加したいスライドの数や入力事項などを指定します。

このプレゼンテーションについて質問する...
Trelloというプロジェクト管理ツールに関するスライドを、5枚目に追加してください。
応答を処理中です...
生成の停止

❶追加したいスライドの内容を入力します。

出力

追加されたスライドのデザインは、既存のデザインに合うように作成されます。

Trello
・プロジェクト管理ツール
・カードとボードを使用してプロジェクトを管理
・タスクの管理や進捗管理、プロジェクトの共有が簡単に行える
PROJECT
management
Copilot
以下についてのプレゼンテーションを作成する...
以下についてスライドを追加...
このプレゼンテーションについて質問する...
Trelloというプロジェクト管理ツールに関するスライドを、5枚目に追加してください。
確認してください。
デザイナーには、検討すべき他のレイアウト オプションもあります。
ビジネスプロセスを効率化するためにはどのようなツールを使うべきですか？
AsanaとTrelloの主な機能は何ですか？

❷新しいスライドが追加されます。

第6章 Officeと連携しよう

Section 83

Outlookでメールの下書きを作成してもらう

メールの下書きを作成する

OutlookのCopilotでは、メールの下書きを作成したり内容を要約したりといったことができます。メール作成時の補助として利用すると、メールの内容を考えたり打ち込んだりする時間を大幅に短縮可能です。

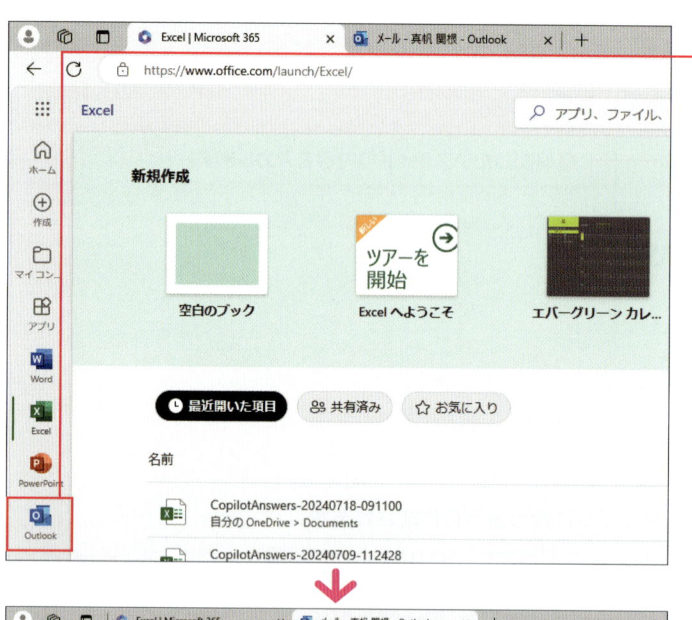

1 110ページ手順2で「Outlook」をクリックします。

Web版のOutlookを開きます。

2 サインイン画面が表示されたらサインインします。「ホーム」をクリックします。

3 「新規メール」をクリックします。

メール作成画面で、画面上部の「メッセージ」タブを開くと、「Copilot」アイコンがあります。

メッセージ
挿入
テキストの書式設定
描画
オプション
Copilot を使って下書き
Copilot によるコーチング
送信
宛先
件名を追加
Microsoft Copilot
Copilot Pro にようこそ
依頼されていたプレゼンテーション資料の作成が終了したため、内容を確認してほしいことを上司に連絡したいです。
生成
お疲れ様です。依頼いただいていたプレゼンテーション資料の作成が終了しました。内容をご確認いただけますでしょうか。ご意見やご指摘があれば、ぜひお知らせください。よろしくお願いいたします。
他に変更することはありますか?
保持する
破棄する
もう一度試す

4 「メッセージ」をクリックします。

5 (Copilotアイコン)をクリックします。

6 「Copilotを使って下書き」をクリックします。

「Copilotによるコーチング」では、よりよいメールの作成に役立つ提案を受け取れます。

7 作成したいメールの内容を入力します。

8 「生成」をクリックします。

画面左部の は生成オプションです。メールの「トーン」と「長さ」をメニューからクリックして選択し、条件を追加できます。

9 メールの下書きが出力されます。

10 「保持する」をクリックすると、下書きが入力されます。

「破棄する」では下書きが破棄され、「もう一度試す」では再出力されます。 では、下書きの長さや表現を選択して修正できます。

Section 84

Outlookで新着メールを要約してもらう

メールの内容を要約する

メールが長文の場合、すばやくどのような内容かを把握したい場合は、メールの内容を要約してもらいましょう。要点のみ抜き出して教えてくれます。

新着メールをクリックして「Copilotによる要約」をクリックするだけで内容がわかります。チャットを送信する必要はありません。

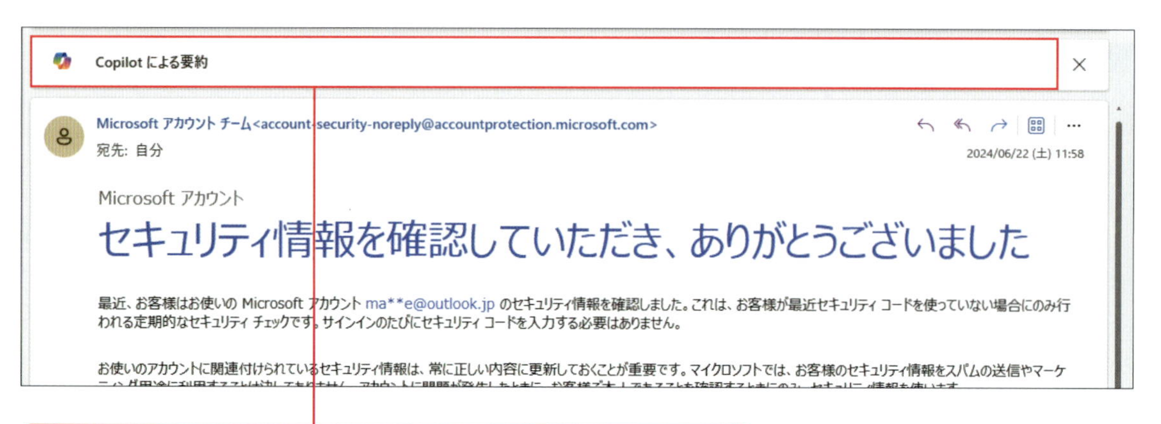

Copilot による要約
Microsoft アカウント チーム<account-security-noreply@accountprotection.microsoft.com>
宛先: 自分
2024/06/22 (土) 11:58
Microsoft アカウント
セキュリティ情報を確認していただき、ありがとうございました
最近、お客様はお使いの Microsoft アカウント ma**e@outlook.jp のセキュリティ情報を確認しました。これは、お客様が最近セキュリティ コードを使っていない場合にのみ行われる定期的なセキュリティ チェックです。サインインのたびにセキュリティ コードを入力する必要はありません。
お使いのアカウントに関連付けられているセキュリティ情報は、常に正しい内容に更新しておくことが重要です。マイクロソフトでは、お客様のセキュリティ情報をスパムの送信やマーケ

1 メールをクリックして表示し、「Copilotによる要約」をクリックします。

をクリックすると出力された要約をクリップボードにコピーできます。

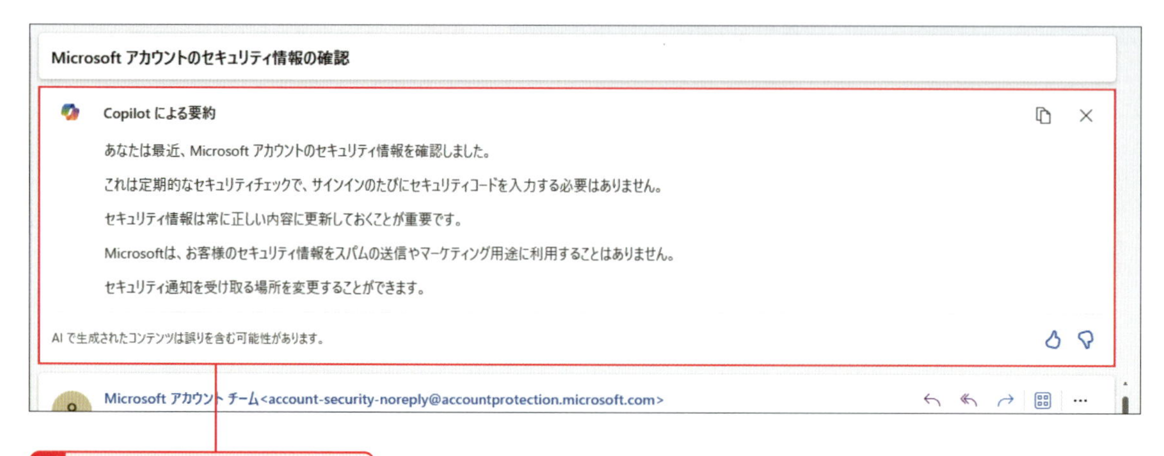

Microsoft アカウントのセキュリティ情報の確認
Copilot による要約
あなたは最近、Microsoft アカウントのセキュリティ情報を確認しました。
これは定期的なセキュリティチェックで、サインインのたびにセキュリティコードを入力する必要はありません。
セキュリティ情報は常に正しい内容に更新しておくことが重要です。
Microsoftは、お客様のセキュリティ情報をスパムの送信やマーケティング用途に利用することはありません。
セキュリティ通知を受け取る場所を変更することができます。
AI で生成されたコンテンツは誤りを含む可能性があります。
Microsoft アカウント チーム<account-security-noreply@accountprotection.microsoft.com>

2 メールの内容が要約されます。

Section

85 Outlookでメールの返信文を作成してもらう

メールの返信文を考える

メールの返信画面には、下部に「Copilotを使って下書き」画面があります。Copilotが受信したメールの内容を読み込み、適切な返信文の候補が表示されるのでクリックして選択します。

「返信」「全員に返信」「転送」をクリックしても同様です。メールの返信画面を表示すると、Copilotを使って下書きを作成できます。

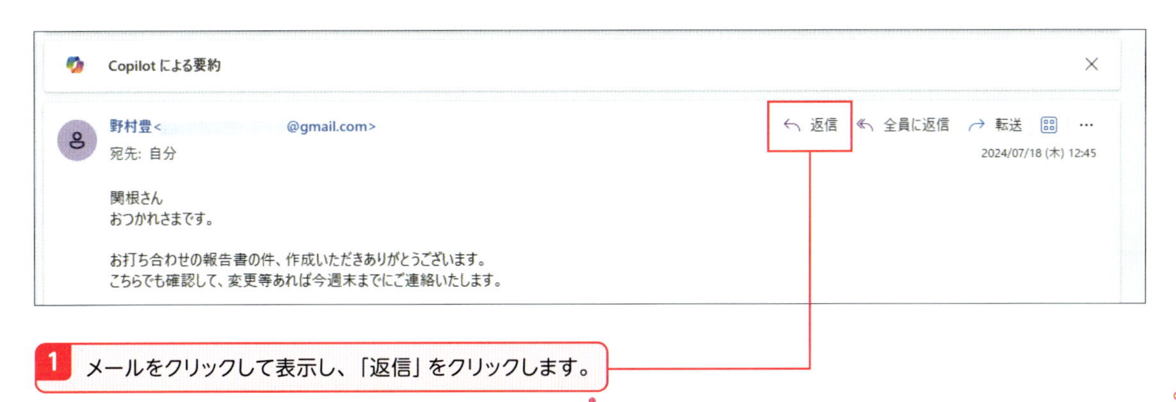
Copilot による要約
野村豊< @gmail.com>
宛先: 自分
返信
全員に返信
転送
2024/07/18 (木) 12:45
関根さん
おつかれさまです。
お打ち合わせの報告書の件、作成いただきありがとうございます。
こちらでも確認して、変更等あれば今週末までにご連絡いたします。

1 メールをクリックして表示し、「返信」をクリックします。

「カスタム」をクリックすると、返信したいメールの内容を入力できる画面が表示されます。

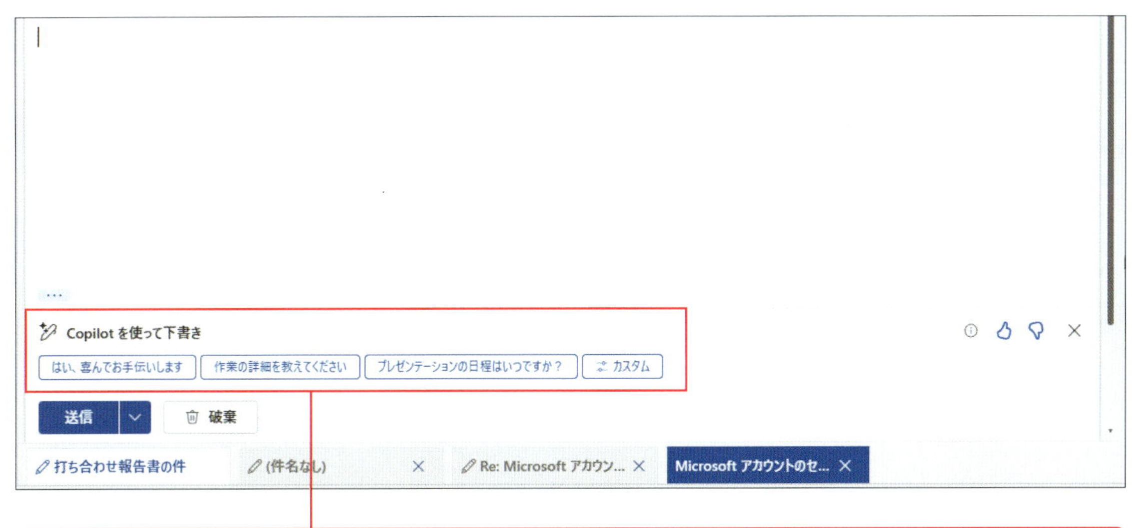
Copilot を使って下書き
はい、喜んでお手伝いします
作業の詳細を教えてください
プレゼンテーションの日程はいつですか？
カスタム
送信
破棄
打ち合わせ報告書の件
(件名なし)
Re: Microsoft アカウン...
Microsoft アカウントのセ...

2 返信内容の候補が複数表示されます。入力したい候補をクリックして選択すると、下書きが自動で出力されます。

Section 86

OneNoteでメモの内容を要約してもらう

メモの内容を要約する

OneNoteにメモした内容をもとに、Copilotに質問したり要約したりして作業を効率化できます。なお、OneNoteのCopilotは、Web版ではなくデスクトップ版のみの対応となっています。

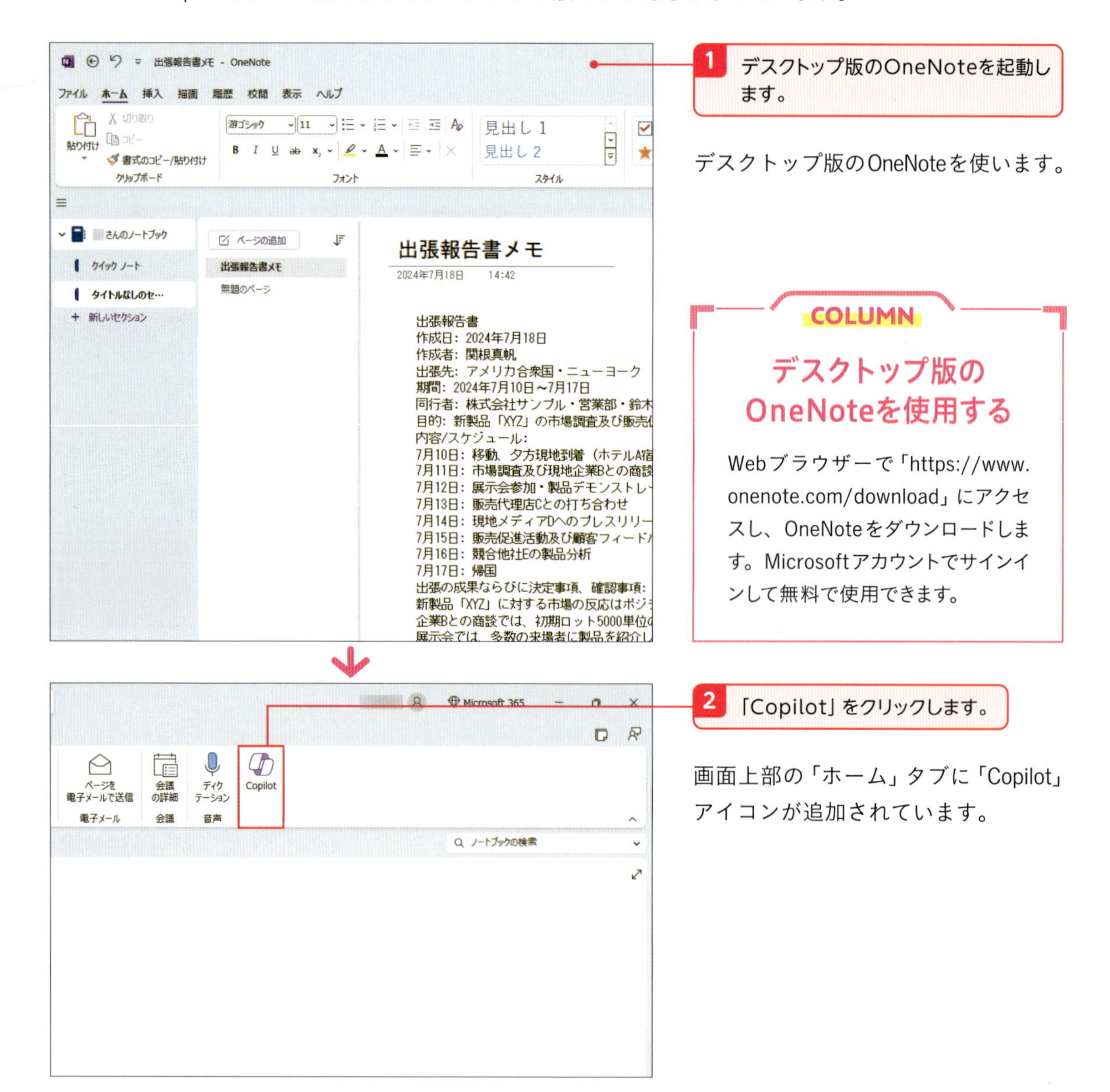

1 デスクトップ版のOneNoteを起動します。

デスクトップ版のOneNoteを使います。

2 「Copilot」をクリックします。

画面上部の「ホーム」タブに「Copilot」アイコンが追加されています。

COLUMN

デスクトップ版のOneNoteを使用する

Webブラウザーで「https://www.onenote.com/download」にアクセスし、OneNoteをダウンロードします。Microsoftアカウントでサインインして無料で使用できます。

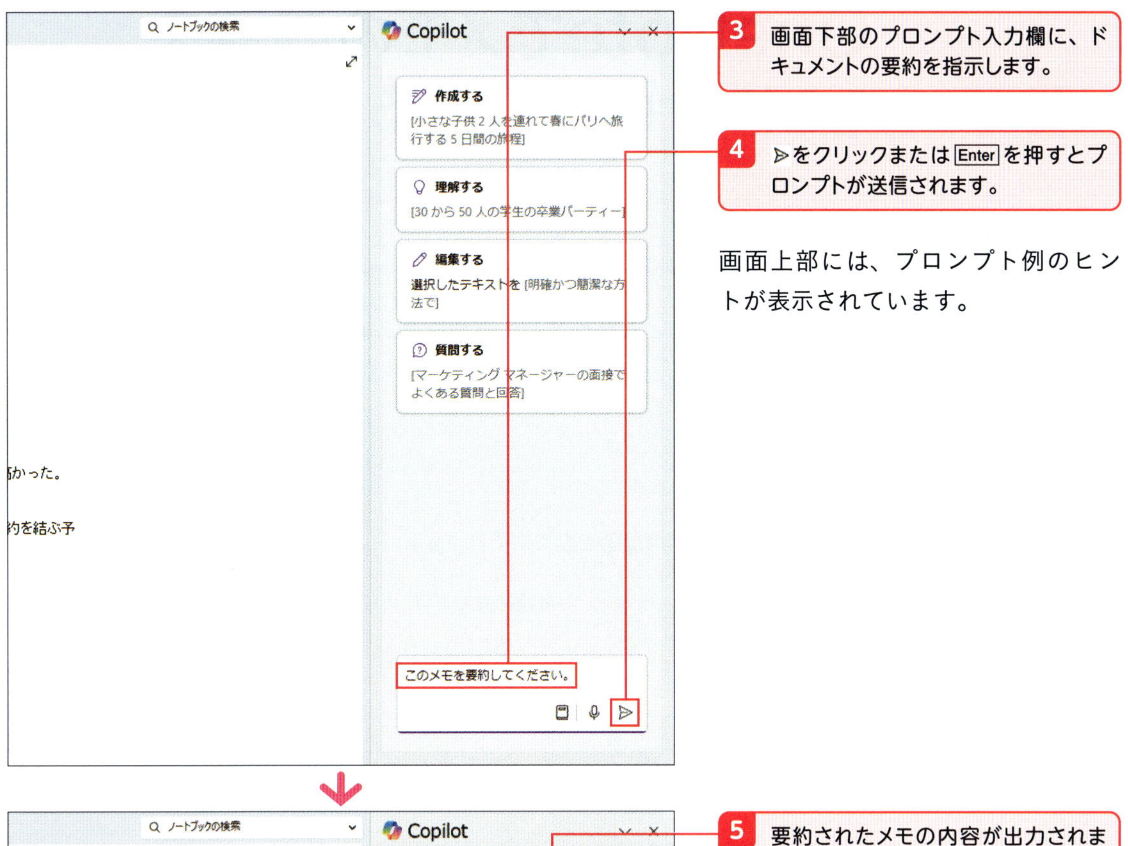
ノートブックの検索
Copilot
作成する
[小さな子供 2 人を連れて春にパリへ旅行する 5 日間の旅程]
理解する
[30 から 50 人の学生の卒業パーティー]
編集する
選択したテキストを [明確かつ簡潔な方法で]
質問する
[マーケティング マネージャーの面接でよくある質問と回答]
このメモを要約してください。

3 画面下部のプロンプト入力欄に、ドキュメントの要約を指示します。

4 ▷をクリックまたは Enter を押すとプロンプトが送信されます。

画面上部には、プロンプト例のヒントが表示されています。

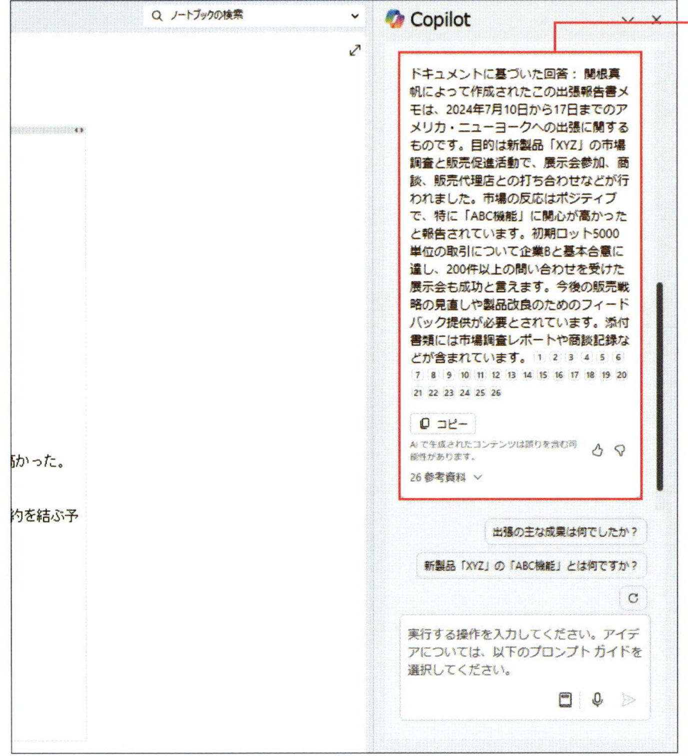
ノートブックの検索
Copilot
ドキュメントに基づいた回答： 関根真帆によって作成されたこの出張報告書メモは、2024年7月10日から17日までのアメリカ・ニューヨークへの出張に関するものです。目的は新製品「XYZ」の市場調査と販売促進活動で、展示会参加、商談、販売代理店との打ち合わせなどが行われました。市場の反応はポジティブで、特に「ABC機能」に関心が高かったと報告されています。初期ロット5000単位の取引について企業Bと基本合意に達し、200件以上の問い合わせを受けた展示会も成功と言えます。今後の販売戦略の見直しや製品改良のためのフィードバック提供が必要とされています。添付書類には市場調査レポートや商談記録などが含まれています。
コピー
26 参考資料
出張の主な成果は何でしたか？
新製品「XYZ」の「ABC機能」とは何ですか？
実行する操作を入力してください。アイデアについては、以下のプロンプト ガイドを選択してください。

5 要約されたメモの内容が出力されます。

出力された回答のあとには、新しい内容に関連した新しいプロンプトの候補が表示されます。クリックすると送信されます。↻をクリックすると、プロンプト例が再出力されます。

Section 87

OneNoteでメモの内容をもとに計画を立てる

メモの情報を整理してプランを立てる

OneNoteに書いた内容は、計画書や報告書として作成し、情報をまとめることができます。時系列がバラバラで読みづらい、どこに何が書いてあるのかわからないといったときは、Copilotに指示してみましょう。

入力

メモの内容をもとに、イベントや会議などの計画を立ててくれます。

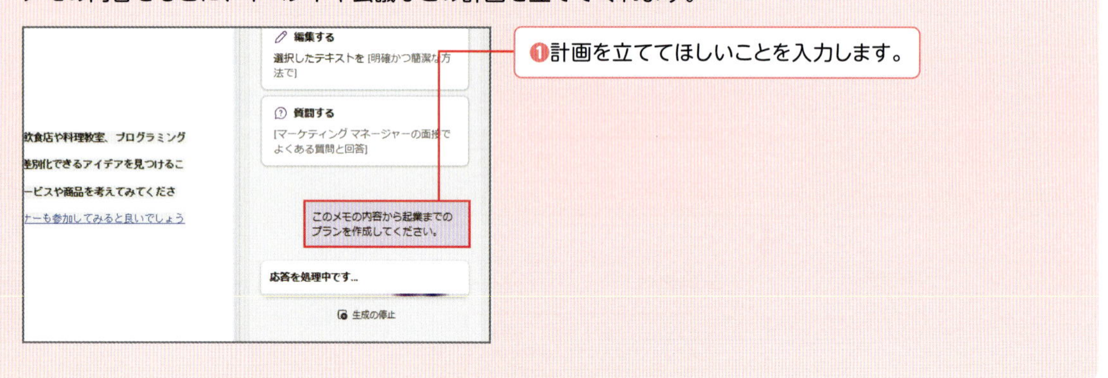

編集する
選択したテキストを [明確かつ簡潔な方法で]
質問する
[マーケティング マネージャーの面接でよくある質問と回答]
このメモの内容から起業までのプランを作成してください。
応答を処理中です...
生成の停止
❶計画を立ててほしいことを入力します。

出力

計画が出力されます。「市場調査するにはどうすればよい？」「資金調達にはどのようなプロセスを踏めばよい？」など、詳しい内容を聞いてみましょう。

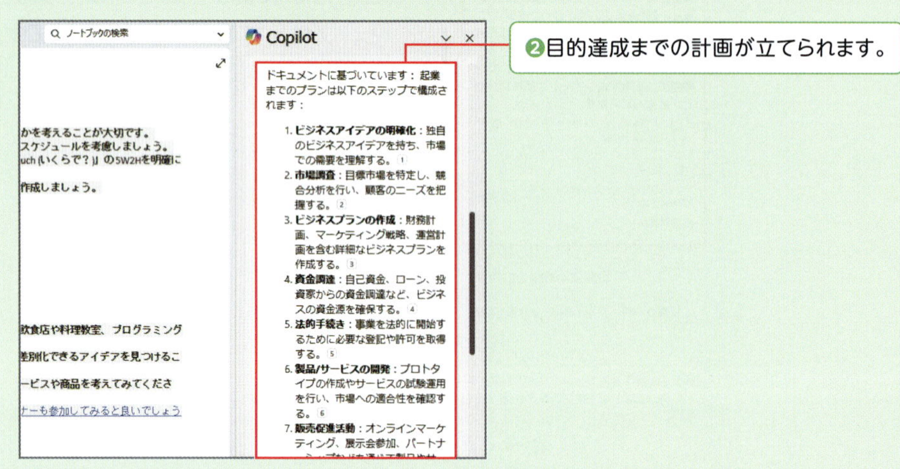

ノートブックの検索
Copilot
ドキュメントに基づいています：起業までのプランは以下のステップで構成されます：
1. ビジネスアイデアの明確化：独自のビジネスアイデアを持ち、市場での需要を理解する。
2. 市場調査：目標市場を特定し、競合分析を行い、顧客のニーズを把握する。
3. ビジネスプランの作成：財務計画、マーケティング戦略、運営計画を含む詳細なビジネスプランを作成する。
4. 資金調達：自己資金、ローン、投資家からの資金調達など、ビジネスの資金源を確保する。
5. 法的手続き：事業を法的に開始するために必要な登記や許可を取得する。
6. 製品/サービスの開発：プロトタイプの作成やサービスの試験運用を行い、市場への適合性を確認する。
7. 販売促進活動：オンラインマーケティング、展示会参加、パートナ
❷目的達成までの計画が立てられます。

Index

索引

アルファベット

ひらがな

カタカナ

すぐに使える

プロンプト集

Copilotは、どんな質問にも
応えてくれる、頼れる相棒です。
どんな反応が返ってくるか、
試してみませんか？

会話

- 最近、インコを飼い始めたの。
- 最近暑いね。
- 沖縄に観光に行ったんだけど、とても楽しかった。
- ちょっと相談したいことがあるんだけど。
- 秋物の服を新調したいんだけど、どんなものがいいかな。
- あなたのできないことは何？
- おすすめのドラマはある？
- 自動運転についてどう思う？

画像生成・検索

- 白い犬が夜の海岸を走っているイラストを漫画風に描いて。
- カラフルでエキゾチックな雰囲気の「Top News」というロゴを描いて。
- 古代ギリシャ建築と日本の寺院をミックスしたような都市の絵を描いて。
- 松尾芭蕉をイメージした鳥の絵を描いて。
- 以下の条件を参考に新しい子供用チョコクッキーの広告画像を描いて。
  - ・子供が笑って食べている
  - ・ハート形クッキーを全面に出す
- この画像に書かれている言語は何？
- この画像は何をしているところ？場所は？

Windows操作

- メモアプリを起動して。
- コンピューターを再起動して。
- スクリーンショットして。
- タイマーを15分間セットして。
- 音量を40にして。

情報収集

- 今月の世界のトップニュースを教えて。スポーツ部門で。
- 今、30代以上の大人の間で流行っているアプリゲームって何？
- アイスクリームとソフトクリームの違いは？
- スペインのサグラダファミリアを中心に半日で回れる観光ルートを考えて。
- 1990年代の日本のミステリー映画を10本ピックアップして。
- 千葉駅から徒歩で行けるフィットネスジムはある？
- パソコンのキーボードが打てなくなったんだけど。

文章作成

- 一歩踏み出す勇気をもらえるような大人への応援歌を作詞して。ロック調で。
- 金魚が1つの池で繰り広げる日常を描いたコメディタッチのショートショートを書いて。
- AIを用いた輸送技術のコスト削減に関して、最新の論文を用いてレポートを作成して。参照先の論文も教えて。
- この数学の問題はどう解くの？答えを教えて。
- このレビューを日本語に翻訳して。
- このWebページを600字程度に要約して。
- このPDFの内容を文字起こしして。
- JavaScriptで○×ゲームができるプログラミングコードを作成して。

オフィス

- 2030年に流行する革新的な文房具のアイデアをできるだけ多く出して。
- コンパクトで軽い日傘をアピールする宣伝文句を考えて。
- ダミーの顧客名簿のデータをいくつか出して。
- 誤字脱字がないか文章をチェックして。
- 案件受注完了メールの下書きを作成して。（Outlook）
- コンピューターと人間が融合したような画像をスライドに追加して。（PowerPoint）
- メモの内容をもとに1週間のスケジュールをまとめて。（OneNote）
- 社内サーバーアクセス権に関するガイドラインのアウトラインを作成して。（Word）
- 売上額と利益率の列を追加して。（Excel）

おわりに

最後までお読みいただき、ありがとうございました。Copilotはいかがでしたか？

本書では、生成AIであるCopilotの入門書として、基本的な操作から、ビジネスでの活用方法や有償版での利用方法までを解説しました。「意図に沿った文章を作成できた！」「有償版だとこんなこともできるんだ！」など、操作を進める中で楽しさや発見がありましたら幸いです。

Copilotの操作には、決まった一連の流れがあります。何度か同じ作業を繰り返すうちに、すぐに慣れて余裕が出てくるはずです。そのようなときは、「もっと希望通りに質の高い回答を得るにはどうしたらいいんだろう？」「他のキーワードを使ってプロンプトを入力できないのかな？」といったことを追及してみてください。きっと新しい発見があります。

本書は、Windows 11に標準搭載されている無料版のCopilotをベースとしています。Copilotには、他にもMicrosoft Edgeで搭載されているものや有償版で提供されているものなどがあります。それぞれの特徴と機能範囲を学び、自分の目的に合ったサービスを受けましょう。本書を読み終えたら、興味のある領域でCopilotをさらに学んでみてください！

FOM出版

Copilotではじめる生成AI入門

(FPT2405)

2024年9月23日　初版発行

著作／制作：株式会社富士通ラーニングメディア

発行者：佐竹　秀彦

発行所：FOM（エフオーエム）出版（株式会社富士通ラーニングメディア）
〒212-0014 神奈川県川崎市幸区大宮町1番地5JR川崎タワー
https://www.fom.fujitsu.com/goods/

印刷／製本：株式会社広済堂ネクスト

制作協力：リンクアップ

- 本書に関するご質問は、ホームページまたはメールにてお寄せください。
  <ホームページ>
  上記ホームページ内の「FOM出版」から「QAサポート」にアクセスし、「QAフォームのご案内」からQAフォームを選択して、必要事項をご記入の上、送信してください。
  <メール>
  FOM-shuppan-QA@cs.jp.fujitsu.com
  なお、次の点に関しては、あらかじめご了承ください。
  ・ご質問の内容によっては、回答に日数を要する場合があります。
  ・本書の範囲を超えるご質問にはお答えできません。
  ・電話やFAXによるご質問には一切応じておりません。
- 本製品に起因してご使用者に直接または間接的損害が生じても、株式会社富士通ラーニングメディアはいかなる責任も負わないものとし、一切の賠償などは行わないものとします。
- 本書に記載された内容などは、予告なく変更される場合があります。
- 落丁・乱丁はお取り替えいたします。

Printed in Japan
ISBN 978-4-86775-121-3